Media TECHNOLOGY 传媒典藏

音频技术与录音艺术译丛

听音训练手册

音频制品与听评 第2版

Audio Production and Critical Listening

Technical Ear Training, Second Edition

[美]贾森·科里（Jason Corey）[加]戴维·H.本森（David H.Benson）○著　朱伟　于飞○译

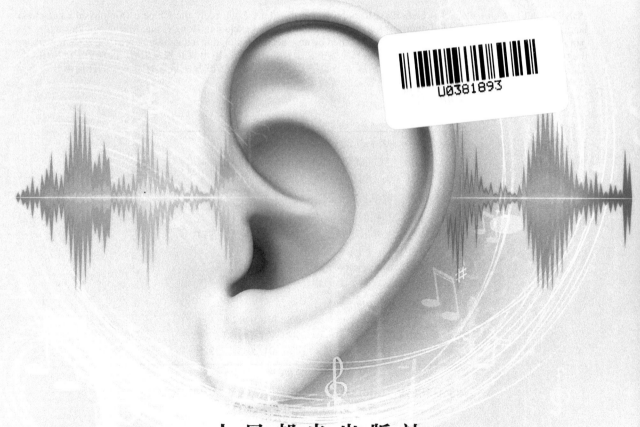

人民邮电出版社
北京

图书在版编目（CIP）数据

听音训练手册：音频制品与听评 /（美）贾森·科里（Jason Corey），（加）戴维·H.本森（David H. Benson）著；朱伟，于飞译. -- 2版. -- 北京：人民邮电出版社，2022.8
（音频技术与录音艺术译丛）
ISBN 978-7-115-59213-2

Ⅰ. ①听… Ⅱ. ①贾… ②戴… ③朱… ④于… Ⅲ. ①音频设备－技术手册 Ⅳ. ①TN912.2-62

中国版本图书馆CIP数据核字(2022)第072841号

版权声明

◆ 著　　　［美］贾森·科里（Jason Corey）
　　　　　［加］戴维·H.本森（David H.Benson）
　　译　　　朱　伟　于　飞
　　责任编辑　黄汉兵
　　责任印制　马振武
◆ 人民邮电出版社出版发行　　北京市丰台区成寿寺路 11 号
　　邮编　100164　　电子邮件　315@ptpress.com.cn
　　网址　https://www.ptpress.com.cn
　　北京建宏印刷有限公司印刷
◆ 开本：800×1000　1/16
　　印张：13.5　　　　　　　　2022 年 8 月第 2 版
　　字数：227 千字　　　　　　2025 年 4 月北京第 7 次印刷
　　　著作权合同登记号　图字：01-2017-7238 号

定价：79.80 元
读者服务热线：(010)53913866　印装质量热线：(010)81055316
反盗版热线：(010)81055315

内容提要

本书致力于开发读者的专业听觉与评测能力，使读者具有与专业音频工程师一样的听音能力。第 2 版内容包括：声音的客观测量、声音信号处理的技术说明，以及它们与声音主观印象之间的关系。本书内容还涉及听力保护、耳机，以及还音响度、听音过程中存在的偏见等。

此次网络版交互式听音训练软件练习模块可提供不同类型的信号处理及操作训练。书中清晰而详细地介绍了上述软件的使用方法，学习包将更好地帮助读者训练自己的耳朵，使读者可以真正地"听评"自己的录音作品。

新版所更新的内容如下。

- 音频和心理声学理论，以告知和增强拓展读者的听评能力。

- 采用集成软件，以音频示例、听音训练及测试来提高读者的听音能力。这些音频示例均来自真实操作及真实项目中的录音。

- 先进的交互式听音训练软件练习模块，可提升读者的听评体验。

- 读者按照新的训练进度安排，可通过均衡听音训练软件练习模块进行循序渐进的听音练习，并从中获得一些听音技巧。

作者介绍

作者贾森·科里（Jason Corey）是美国密歇根大学音乐、戏剧与舞蹈学院研究生教育研究院的副院长、表演艺术与技术系副教授。他在学校教授音乐录音、听音技术训练和音乐声学课程。作为一名录音、混音及音频编辑工程师，他的作品类型涉及爵士乐、古典乐、现代音乐及实验性电子音乐。他发表过许多关于听音技术训练、多声道音频及空间音频感知等主题的论文。他于 2013 年至 2015 年担任音频工程学会（Audio Engineering Society，AES）理事，现任音频工程学会中部地区（美国、加拿大）的副主席。

戴维·H. 本森（David H. Benson）是一名软件开发与音频研究员，在麦吉尔大学取得了录音博士学位。他的研究得到了加拿大魁北克省社会与文化研究基金（FQRSC）和音频工程学会教育基金会（AESEF）的大力支持。2011 年，他被授予"音频工程学会教育基金会约翰·厄尔格学者"称号（John Eargle scholar）。该荣誉表彰了他在技术和音乐方面的卓越成就。作为一名教师，他获得了舒立克音乐学院颁发的首个优秀助教奖。

鸣谢

如果没有众多人士提供直接和间接的帮助，那么本书就不可能成功出版。

感谢戴维·H. 本森（David H. Benson）为本书第2版提供软件上的支持，感谢 Doyuen Ko 和蒂姆·瑞安（Tim Ryan）根据"技术性听觉训练"这门课的实际授课经验与我进行的探讨。

感谢弗朗西斯·拉姆齐（Francis Rumsey）对本书第2版草稿提出的宝贵意见。

同时，我也很感谢所有向我传授声音听评能力知识与经验的各位老师，尤其是我在麦吉尔大学（McGill University，加拿大）录音专业读研时期的各位导师：彼得·库克（Peter Cook）教授、史蒂夫·艾普斯坦（Steve Epstein）教授、约翰·克勒普科（John Klepko）教授、杰夫·马丁（Geoff Martin）教授、乔治·马森伯利（George Massenburg）教授、莱内·奎内尔（René Quesnel）教授和维斯诺·沃斯泽克（Wieslaw Woszczyk）教授。我也从我的同学们那里学到了很多，尤其是约翰·索伦森（John Sorensen）和弗吉尼亚·里德（Virginia Read）。在 Tanglewood 工作的蒂姆·马丁（Tim Martyn）也为我提供了丰富的听音方面的学习经验。

感谢那些帮我准备本书第1版手稿的人：史蒂夫·贝拉米（Steve Bellamy）、贾斯汀·克罗韦尔（Justin Crowell）和蒂姆·沙利文（Tim Sullivan）。

感谢克利斯多佛·肯德尔（Christopher Kendall）、玛丽·西梦妮（Mary Simoni）、丽贝卡·赛丝特丽（Rebecca Sestili）和密歇根大学（University of Michigan，美国）研究室副主任办公室的工作人员，以及德雷萨·莱钠德（Theresa Leonard）女士、班夫中心（Banff Centre），感谢他们对本项目的全力支持，特别是他们在本书第1版中所作出的贡献。

感谢密歇根大学和麦吉尔大学的学生们在听音训练软件练习模块的开发过程中提供的反馈意见。

感谢这些年来邀请我参与他们唱片录制的各位优秀音乐家们。参与这些唱片的录制、编辑、混音及母带处理过程，我获得了许多机会继续进行技术性听觉训练。

感谢罗德里奇出版社 / 焦点出版社的克里斯汀娜·瑞安（Kristina Ryan）、梅根·鲍尔（Megan Ball）、玛丽·拉玛基亚（Mary LaMacchia）和彼得·林斯利（Peter Linsley）对本书出版提供的各种帮助。

最后，我还要感谢我的妻子詹妮弗（Jennifer），感谢她对我的爱与支持。

谨以此书献给我的两个孩子，我每天都能从他们身上学到新的东西。

致中国读者

尊敬的中国读者们

我是本书的作者贾森·科里（Jason Corey）。首先很荣幸我的再版书就要问世了，也很感谢中国的读者朋友们对本书长期以来的支持。我很开心大家能够通过技术性听觉训练与我一起加入听觉探索这一漫长的旅途上。任何从事音频相关职业的人在工作当中都需要具备较强的听评判断能力，因此我希望本书的中文版能够帮助录音专业的学生或者是从业者们更准确地理解相关概念并且掌握一些听觉训练技巧。

在新版中，我扩充了一些新的章节，希望能够更好地解释专业概念并且能对听觉训练提供更多的学习方法。对于原有的章节，我也从头到尾进行了修订，以便能更清晰地表达我要阐述的概念。另外最重要的一个更新，就是本书取消了原有附带的光盘，我们做了一个在线免费网站，方便大家随时随地进行练习。网址是 https://exl.ptpress.cn:8442/ex/1/c5058646。

对于录音师与混音师而言，技术性听觉训练是必修课，但是需要通过长时间的训练与积累才能掌握听评的经验与技巧。其中最主要的一个训练目标是把我们所听到的信息转化成调整各个硬件、软件参数的能力。虽然说这类能力也可以间接地通过在音乐录音课上的学习及工作实践获得，但是本书中探讨的一些理念与系统听觉训练方法可以让你更直观地关注到声音听评的内容本身。从本书当中学到的听评技能可以广泛应用到日常的工作当中，因为我们的训练内容是基于那些基础的音频处理工具去进行音色的调整与改变，比如均衡器、压缩器、混响、延时以及失真等。建议大家平时通过 webtet.net 多进行练习，并记录自己在听评能力方面的进步与成长。

最后我想向第 2 版的翻译者于飞女士表达我最诚挚的谢意。我与于飞都毕业于加拿大的麦吉尔大学音乐录音专业，但是我们之间隔了很多届，在校期间并没有什么交集。这里要感谢一下我们共同的好友戴维·H. 本森（David H. Benson）先生，他也是本书的软件设计者，也毕业于麦吉尔大学，与我同专业。于飞在校读研时，他正好在读博士，通过他的介绍我认识了于飞。麦吉尔大学音乐录音专业最有特点的一门课就是技术性听觉训练，我知道于飞是我们学校第一位被录取的中国人，她这门课的成绩非常突出，因此我相信她能够结合自己所学的知识很精准地翻译这本书。感谢于飞女士时常和我探讨本书的相关内容，感谢你的付出与坚持。

借此机会我想对所有中国的读者们表达我最诚挚的祝福，希望你们的录音职业道路越走越宽，也再次感谢你们阅读本书。

贾森·科里（Jason Corey）

2021 年 6 月

译者简介

朱伟

　　中国传媒大学音乐与录音艺术学院教授，音乐与录音艺术学院学术委员会主任。1981年就读于北京广播学院无线电工程系电视发送专业，1985年在北京广播学院广播技术研究所攻读通信与信息系统专业广播声学与电声学方向硕士研究生，1988年留校，先后在北京广播学院广播技术研究所电声教研室、中国传媒大学影视艺术学院录音系和音乐与录音艺术学院任教。此间承担了《录音技术》《数字声频原理》《声频与声学测量》和《扩声技术》等课程的教学任务；主持完成了十余项部级和学院科研项目；主持编写了《录音技术与艺术丛书》，还出版《音频测量技术》《数字声频测量技术》《扩声技术》和《录音技术》等多部专著，并翻译出版了《音响系统设计与优化》等多部专业图书。

　　目前主要从事录音艺术专业本科生的教学、通信与信息系统专业音频技术方向硕士研究生的指导工作，以及录音声学及数字声频技术等方面的理论研究工作。

于飞

　　著名音乐制作人，混音师，音乐编辑。本科毕业于北京电影学院录音系，研究生毕业于加拿大麦吉尔大学录音系，曾就职于中影集团后期录剪部，研究生毕业后创立 Dream Studio 音乐公司，致力于提供高品质的音乐制作服务。曾担任多部电影的音乐监制，音乐编辑，参与制作多部影视剧金曲。曾荣获第 137 届、第 138 届音频工程学会（AES）录音比赛金奖，成为该项赛事第一位连续获得此项殊荣的亚洲人。中国首位格莱美制作人与录音师会员（P&E wings）、评委会成员。音频工程学会成员。

代表作有《刺杀小说家》《八佰》《金刚川》《动物世界》《空天猎》《九层妖塔》等电影的音乐。合作艺人包括那英、波切利、鹿晗、黄子韬、李宇春、谭维维、李易峰、张韶涵、胡夏等。

前言

　　作为在音乐、电影、视频和游戏声音等情景中进行声音录制、混音及母带处理的音频工程师，我们被要求要认真地"听音"。根据听到的声音，我们才能做出关于声音录制技术、混音平衡及处理器设置等方面的具体决定。因此，我们不仅要听，还要尽可能准确地、保持一致地听。当然，我们也会面临在听觉感知和调整设备参数之间进行相互转换所带来的挑战。尽管一般的听力技能也可以满足音乐鉴赏（包括音高、音调和合奏等）以及同僚之间的谈话（以促进相互理解），但本书主要讲的是音频的听音技巧。它的重点在于了解音频的技术属性，包括音色（通过均衡器和滤波器处理）、动态处理（通过压缩和扩展处理）、电平、混响、延时、失真、噪声和缩混平衡，因此本书内容主要是技术性听觉训练。本书凝聚了我多年来在录音和混音过程中进行思考和学习的成果，最重要的是，这是我积极着重听评音频技术属性的成果。具备听评能力并非易事。需要长期有规律地进行技术性听觉训练才能提升或保持听评能力。本书为此提供了各种方法、建议、思考、理论知识和实践技巧，以提升读者的听评能力。

　　音频工程录音实践既可以被称为一门艺术，也可以被称为一门科学。作为音频工程师，在理想情况下，我们既要理解相关的音频理论知识，又要具备极高的听评能力。每个录音项目都有自己的特点与要求，而针对每个录音项目，我们不应一味地采用相同的录音、混音、母带处理流程或技术。因此，我们必须将自身具备的录音技术知识和听音技能结合起来，才能更好地进行工作。对模拟电子学、数字信号处理、音频信号分析和音频设备工作原理（如传声器和音箱的操作原理）等方面的专业技术知识的掌握是透彻理解音频工程技术的关键。然而，我们在音频项目中做出的很多决定，例如，传声器的选择和摆放位置、缩混的平衡、推子电平的调整及信号处理等问题，都会更依赖我们用耳朵听到的内容，而不是严格参照技术参数。音频理论为我们提供了可靠的工作理论框架，因此我们应该尽可能多地了解相关音频理论知识。但最后我们做出的许多决定都是艺术性的，或取决于个人品位。对声音主观的印象所具有的指引作用，可使音频工程师改善音频的音质，并创作出能够达到预期艺术效果的混音——无论是现场演出的混音，还是棚内录制音乐作品的混音。

工程师作出的与音频信号有关的每项决定都将对听音者所听到的声音产生一定的影响，不管这种影响有多么细微，我们都必须全神贯注地利用我们的听觉，关注音色和音质上的微小细节。作为音频工程师，我们在做决定时要考虑到项目的艺术创作目标，并且必须通过耳朵听到的声音来判断某个技术上的选择对这一目标是否产生了有利或有害的影响。我们还需要了解音频硬件和软件设备的技术参数对我们感知到的声音属性的影响。

除了应掌握声音处理技术及其理论基础，一个成功的音频工程师还应具备区分声音在音色、动态范围以及声音技术细节上的细微差别的能力。他们可以将他们获得的听觉感受转化为恰当的技术判断和选择。有时这些经验丰富的音频工程师会被称为"金耳朵"。这些人在声音判断上具有超乎常人的能力，他们能对听到的声音进行正确的判断，并将这种判断最终转化成为对音频信号有效而准确的控制。从听力学角度来讲，他们并不具备不凡的听力。也就是说他们的听力并不比一般人好，但他们是专业的听音者，拥有高度发达且识别性强的听评能力，能够识别声音的微小细节，并对所听到的内容进行正确的判断。例如，在不同的场合下，专家级听音人都可准确地识别出均衡器在所给定频率上的微小提升或衰减（假设监听条件足够好），并且能够始终如一地识别其参数的设置。这些经验丰富的音频工程师能够迅速发现录音中需要解决的问题，以及音频信号中需要突出表现的声音特性。

我们可以像大多数业内人士那样，通过日常的混音或录音方面的工作逐步提高我们的听评能力。但是我相信一些系统的方法可以让人们在更短时间内取得听音训练方面的显著进步，或者至少让您在听音的学习训练过程中有一个较高的起始点。正如莱内·奎内尔（René Quesnel）教授在其博士论文中提到的——完成了听音技术训练的录音学生在对参量均衡的频率确定和增益设定方面的能力要胜过一些有经验的音频专业从业者。虽然在实践中，刚入门的音频工程师跟着经验丰富的音频工程师一起工作并向他们学习的现象曾经很普遍，但是音频行业已经经历了巨大的变化，这种师徒模式正在从音频工程实践中逐渐消失。虽然音频行业有了革命性的发展，但是听评能力在音频工程师的工作中仍然保持着极其重要的地位，尤其是在许多民用音频格式的音频质量下降时，它的地位更加突显。目前比较普遍的音频格式包括 MP3、AAC（Apple Music 和 iTunes Store 使用的音频格式）及 Ogg Vorbis（Spotify 使用的格式）等，都是低于 44.1kHz/16 bit 线性 PCM 光盘格式的音频格式。本书重点阐述了一些培养听音人听评能力的方法，以及如何在较短的时间里使被训练者在该方面的能力得以提高的一些理念。

当我们开始思考与录音、音频制作有关的听评能力时，一般会出现如下问题。

- 有经验的音响工程师、制作人、录音师、声音设计师及音乐人具备哪些听觉能力才能让其在从事录音、电影声音混录或者对均衡音响系统时业务能力强于刚入门的音频工程师。
- 在识别和控制音色方面，有经验的工程师和制作人到底能听到哪些常人所听不到的声音。
- 音频专业人员如何听到并能够持续识别音频信号中极其细微的特征或变化。
- 专业听音人如何将其感知到的声音转变成其对物理参量的控制。
- 非专业听音人如何能获得类似的技能，让他们能够识别出音频信号所对应的物理参量以达到预期的感知效果。
- 刚入门的音频工程师应该着重听哪些声音方面的特殊属性。

关于声音、声音重放和听觉感知等技术和理论方面已经有了相当多的著述，但本书侧重于开展音频工程实践中所必须具备的听评能力。

为了方便读者进行听评方面的训练，本书配套的软件可帮助读者对不同类型的音频信号处理效果进行听音练习。该软件练习模块既提供了进行不同难度听音练习的模式，也提供了针对技术性听音能力的实践训练方法。

音频信号的属性

本书及其配套软件的主要目的是开发、训练听音人对特定类型音频信号处理的相关声音信号的听评能力。与音乐听辨技能或视唱练耳训练不同，听音技术训练侧重于针对录音和声音重放系统中常用类型的音频信号处理所产生的声音效果进行听辨，即均衡、动态处理和延时 / 混响 / 回声。当我们知道并能够预测音频信号处理的效果，且能够区分音质上的微小变化时，我们就能够更有效地控制录音项目中的声音效果。高度熟练的听评能力使我们不仅能够识别出有效的音频信号处理效果，而且能够听辨出不必要的人为效果，如噪声、嗡嗡声、哼鸣声和失真声。一旦我们识别出这些不想要的声音，音频工程师就可以想办法去除它或减小它所带来的不良影响。

本书是根据音频工程师常用的音频处理工具进行结构组织的。本书将探讨如下主要音频属性和相关设备。

- 频谱或音色的平衡——参量均衡
- 空间感属性——混响、早期反射声、声像处理
- 动态范围控制——压缩／限制和扩展
- 可导致录音品质降低的声音或声音特征——失真和噪声
- 音频编辑断点——目标信号源的编辑

本书的目标

本书及其配套软件有如下 3 个主要目的。

1. 建立技术参量和声音感知品质之间的同构映射。同构映射是搭建于技术和工程参量与听觉感知属性之间的桥梁。工程师必须能够诊断出录音过程中的各种声音问题，并了解其产生原因。在音频领域，工程师不断地将物理控制参量（比如以 Hz 为单位的频率，以 dB 为单位的声级）转换成对音频信号的感知（比如音色、响度），反之亦然。

2. 提高对声音细微特征和属性的认识，提升辨别音质和应对音频信号处理中细微变化的能力。

3. 使人们能对声音特性做出迅速的判断，并能在听觉感知与信号处理控制参量间进行快速的思维转换，针对所发生的问题迅速做出须对哪些物理参量进行改变的决定。

为了实现这些目标，本书第 2 章～第 5 章着重介绍了音频处理和人工效果类型：均衡、混响和延时、动态处理、失真和噪声。

第 1 章对本书的理念和目标，以及听音技术训练的重要性进行了概述。本章提供了一些介绍性的听音训练方法。由于听力对音频工程师而言非常重要，在本章中还对听力保护进行了讨论。

第 2 章主要讨论了音频信号的频谱或音色平衡，以及滤波和参量均衡对频谱

平衡的影响。频谱平衡是指在整个可闻音频带（20Hz ~ 20 000Hz）上不同子频带的相对能量关系，本章重点阐述了有关参量均衡器的问题。

重放声音的空间属性包括声源的声像位置、混响感、回声和延时（带反馈和不带反馈）。第 3 章探讨了空间属性感知的训练方法。

动态处理在音乐录制过程中得到了广泛的应用。压缩、限制、扩展和门处理等音频处理效果都以一种独特的、时变的方式对音频信号进行处理。对于刚入门的音频工程师而言，动态范围压缩处理可能是一种最难掌握和使用的音频信号处理类型。在许多动态处理算法或电路中，可控量是相互关联的，这影响了其使用和人所听到的声音。第 4 章介绍了动态处理，并针对这些不同效果所产生的听感提供了一些实用的练习。

失真可以作为一种效果主动地应用于录音中，如在电吉他录制过程中的效果处理，但录音工程师通常要尽力避免被动失真，如模拟增益级的过载或模数转换器产生的过载。第 5 章探讨了其他类型的失真，如比特率降低和感知编码等产生的失真，以及其他类型的对录音不利的声音，如外来噪声、咔嗒声、砰砰声、嗡嗡声和隆隆声等。

第 6 章重点研究了有关音频编辑断点的问题，并且引入基于声源目标编辑处理的听觉训练练习。针对音频编辑断点及信号幅度包络的听音练习可将对编辑点差异变化的分辨力提高到毫秒级。配套软件通过比较同一音乐中某一片段的终点与另一片段的终点来模拟寻找音频编辑断点的过程。

第 7 章探讨了录音声音的分析技术。尽管已经建立起了对音乐的理论分析的既定传统方法，但并没有从音色、音质、空间声像、美学或技术角度出发来分析录音作品的标准方法。本章介绍了一些分析音乐录音作品的方法，并以已经商业发售的录音制品为例进行了相应的分析说明。我们还讨论了听音过程中惯有的偏见以及如何使听音过程变得更加客观的方法。

在听觉技术训练领域，很多学者作出了重大的贡献，并以会议论文和期刊论文的形式发表了自己的观点，其中包括贝克（Bech）发表的《关于声音重放设备主观听音测试主体的选择与训练》（"Selection and Training of Subjects for Listening Tests on Sound-Reproducing Equipment"，1992）；卡西尔（Kassier）、布鲁克斯（Brookes）和拉姆齐（Rumsey）发表的《空间音频属性评估工作中的训练与实践》（"Training versus Practice in Spatial Audio Attribute Evaluation

Tasks"，2007）；米西凯维奇（Miskiewicz）发表的《音色视唱练习：针对音频工程师的技术性听音课程》（"Timbre Solfege: A Course in Technical Listening for Sound Engineers"，1992）；奥利弗（Olive）发表的《听音人培训方法与听音测试节目素材的选择》（"A Method for Training Listeners and Selecting Program Material for Listening Tests"，1994）；奎内尔（Quesnel）发表的《音色的听耳训练：针对音色评估听音能力的自适应，交互式训练》（"Timbral Ear-Trainer: Adaptive, Interactive Training of Listening Skills for Evaluation of Timbre"，1996）。本书根据很多以前的研究成果，提出了在音频制作中进行听评能力练习和开发的方法。

笔者假定读者已经掌握了音频录制理论和实践方面的相关知识，并掌握了基本的音频理论知识，如分贝、均衡、动态、传声器及传声器技术等。

配套软件

由于阅读有关听评方面的论述多少会让人感到有些抽象，所以，读者可以利用本书配套的软件和测试模块对本书中提到的各种类型信号处理后的声音进行听音练习。本书配备了交互式的听音训练软件练习模块，读者可以对各种类型音频信号处理的参量进行调整，并得到即时的听觉反馈，模拟在录音和混音中所做的事情。虽然有些模块仅简单地提供了一些声音处理的例子，但很多其他模块提供了听音的匹配练习及对处理后的参量进行绝对识别的练习。听音匹配练习的优势主要在于人们可以完全借助所听到的内容进行听音练习，且无须将判断再转变为文字上的声音描述。

用于听评练习的数字录音比模拟录音或声学声源更有优势，原因是数字录音可以以完全相同的方式重复播放许多次。尽管本书中也提到了一些特殊录音，但还可以从其他地方获取有效声音样本，以便进行不同类型音频信号处理后的听辨练习。撰写本书的过程中，有些单件乐器的声音采样及混音片段可以从许多网站上进行下载。

此外，像 Apple 的 Logic 和 GarageBand 这样的软件中包含的单件乐器声音素材库也可以作为软件练习模块的声源来使用。

本书并非针对某些具体的商用音频处理软件或硬件，而是把每种类型的音频信号处理作为各种专业音频设备和软件上普遍都能找到的典型情况进行编写。每个商用音频处理模块大不相同，我在本书中讨论的训练是一些听觉训练的基础，适用于大多数商用设备。

撰写本书的目的并非为不同的乐器或录音设备提供音频信号处理设置或传声器技术方面的摆放建议。并不存在放之四海而皆准的音频制作方法，撰写本书的目的在于帮助读者提高对声音的听评能力及对声音细节的辨识能力，以便在不同的录音实践中能对声音进行有针对性的处理。

最后，本书提出了一个关于"金耳朵"和使用音频效果处理能力的词。假设我们的听力正常，如同听力专业人士所定义的那样，我们中的大多数人应该能够通过听音技术训练来提高自身的听评能力。那些有名气的录音和混音工程师之所以能制作出如此出色的音频制品，并不是因为他们有不凡的听力，而是因为他们日复一日、年复一年地进行听音练习。专注地听音及思考所听到的东西需要付出不懈的努力和大量的精力，但这种努力会让您呈现出更好的录音（混音）作品，而且也会使您能更快、更准确地进行工作。在插件上调整参数并不难，真正有难度的是如何通过听音选择合适的参数并听出需要进行处理的问题。简而言之，练习、练习、再练习才是提高听评能力的关键。

贾森·科里

目录

第 1 章

听音

1.1　日常听音

　　作为生活在地球上的人们，不管是否注意到声音的存在，我们每天都会时刻暴露在声音的现实世界当中。到达我们耳朵的声波不仅可以告诉我们声音产生的来源，还可以告诉我们声源所处的物理环境的自然属性，如周围的物体、墙壁和其他可能反射、吸收或扩散声音的物理结构。除非我们身处一个消音室，否则环境中反射的声音会告诉我们许多关于周围物理环境的自然属性方面的信息。从某种意义上来说，我们周围的环境通过声音的反射和吸收模式变得"可闻"，即使周围的环境本身并没有发出声音。就像光源照射到物体上一样，声源也可以让人们听出自身所处环境的基本形状和大小。人们每天听的声音越多，就越能意识到细微的回声、反射声、混响声、低频隆隆声、震颤回声等。随着我们对声音的意识的增强，我们就能把这种听音技能带到"实战"音频项目中去。

　　环境中声音的频率成分和音色平衡为我们提供了一些关于声源及我们与声源之间距离的线索。低频很重的声音可能来自大型设备（比如卡车发动机、飞机或直升机），也可能来自大自然（比如瀑布、海浪拍打或雷击）。任何我们能听到的回声或强反射声都能反映出我们与声源之间的大致距离。

由于感知主要是视觉刺激主导，所以我们可能需要付出一些努力来集中听觉意识。正如专业音频工程师所了解的那样，在集中听觉注意力方面所做的努力对于逐步培养听评能力是十分有意义的。尽管听评的概念相对简单，但其挑战性在于如何在实践中应用它——需要每时每刻、日复一日地将我们的注意力集中在一个音频项目上。专注地听一个音频项目，需要花费很多精力，并且这一过程对听音者有严格的纪律性要求，而有规律、有针对性的听觉练习磨炼了我们的意志，帮助我们在今后处理录音和高难度混音挑战时能够更有效地完成工作。

无论我们身在何处，都可以随时随地培养自己的听评能力。例如，当我们路过建筑工地时，可能会听到诸如打桩机的撞击声。回声则来自附近建筑物外立面的反射，可能比直达声晚几分之一秒到达。回声出现的时刻、地点和幅度都会提供附近建筑物的相关信息，其中就包括了听音人与这些建筑物之间的大概距离这类信息。可以在长回声的情况下比较一下直达声和反射声的音色，也许某些频率成分正在被吸收。当在大型音乐厅欣赏音乐时，人们会注意到声源停止发声后，声音会持续存在并逐渐衰减的现象，这就是所谓的混响。音乐厅中的声音有一种包围感，它好像来自所有的方向，尤其是在与声源有一定距离的地方，这种感觉更为明显。我们可以注意到混响的方向，并发现声音并非仅仅来源于舞台上的表演者，也同时来自我们周围各个方向的反射声。

在其他一些场所，比如铺设有地毯的客厅，这时我们所听到的乐器演奏声音会与在音乐厅中听到的同一乐器的演奏声音迥异。这是因为，房间尺寸和边界表面等物理特性决定了客厅的声学特性与音乐厅的声学特性明显不同。由于客厅的体积比音乐厅小得多，所以客厅的混响时间会相对短，早期的反射声也会更快地到达客厅。地面覆盖情况也会影响频谱平衡：铺设地毯的地板会吸收一定的高频成分，因此声音会听起来更低沉，而木质地板会反射一定高频成分，使声音听起来更加响亮。

由于客厅墙壁间的距离相对较近，因此由墙壁反射回听音人的声音会在直达声到达之后几毫秒内到达，并且反射声与直达声的幅度几近相同。这种直达声和反射声在到达时间上的微小差异及它们几近相同的幅度，会在我们的耳朵中产生相长干涉和相消干涉。这种效果的极端例子就是梳状滤波（详见第 3 章），即一个声音与其自身的某个延时版本混合在了一起。当我们用电子或数字方式（在调音台上）将声音与其延时版本中的声音混合时，效果最为明显。我们在日常生活中每时每刻都会感受到梳状滤波效应，但由于反射声延时时间上的变化（由于我们自己在不停地移动），有太多延时的反射声传入了我们的耳朵，所以我们无法得到"未经延时的原始声与一个经过延时的反射声混合在一起"时在频谱中所能得到的相同深度的曲线。

　　在音频工程相关工作中，学会主动地听音是极其重要的。我们可以充分利用音频项目制作以外的空余时间进行这种听音训练，以提高我们对听觉场景的认知，并培养和练习我们的听评能力。不论是在街头散步，还是在咖啡厅小憩，或者是在欣赏现场音乐会，都可以成为逐步培养听评能力的大好时机，为今后从事的音频工作打下良好的基础。关于这方面的延伸阅读，可以参考巴里·布莱塞（Barry Blesser）和琳达·索尔特（Linda Salter）在 2006 年合著的《空间说话了，您在听吗？》（*Space Speak, Are You Listening*?）一书，书中从听音结构的角度详细地论述了聆听声学空间的问题。

　　录音师关注的是声音的拾取、混合和塑造声音等问题。不论记录的是来自演出现场演奏的声学乐器声音，还是以数字媒体形式创建的电子声音，录音师的目标之一就是要对声音进行塑形，使声音最适合在音箱和耳机里重放，并且能充分体现音乐表演艺术家的创作意图。录音的一个重要方面就是，录音师寻求控制乐器之间或声源之间的相对平衡，他们可以通过控制已录音频信号，或者通过调整传声器与乐器和其他乐器组合的位置来实现。在录音过程中，声源之间的平衡可能会对最终作品的乐感产生巨大的影响。音乐性和频谱平衡对录音整体存在至关重要的影响。

　　在整个声音塑形过程中，不论采用了何种设备或者最终的目标是什么，音频工程师的工作重点就是听音。工程师需要自始至终地分析他所听到的一切，以此对一个声轨或一个缩混进行评判，并对下一步的平衡和处理调整进行判断。听音是一个主动的过程，对工程师来说是一种挑战，因为这需要工程师始终对声音的任何细微变化、感知不到的细微特性及音频信号的瑕疵保持高度的敏感性。

1.2　技术性听觉训练

　　就像音乐上的听音训练或视唱练耳是音乐训练的有机组成部分一样，不论是在录音棚里工作，还是做现场扩声，或者从事音频软件或硬件的开发工作，技术性听觉训练对于所有从事音频工作的人员来说都是必须的。虽然有许多技术参考文献描述了音频工程理论，但是系统性听觉训练与了解现有设备的功能同等重要。列托瓦斯基（Letowski）在他撰写的论文《技术性听评能力的开发：音色视唱练习》（*Development of Technical Listening Skills:Timbre Solfeggio*，1985）中指出，最初创造音色视唱练耳这个术语是为了表示这种训练与音乐上的听觉训练相似，但侧重于频谱的平衡或音色方面。技术性听觉训练是一种针对声音音色、动态范围及空间属性，尤其是与录音和音频制作相关的感知性学习过程。得到强化的听评能力有助于音频工程师用一种更为明确和一致的方法对声音进行分析，并利用对声音的感知能力进行工作。正如感知心理学家埃莉诺·吉布森（Eleanor Gibson）所言：感知学习是指"从环境中提取信息的能力的提高，这是对来自周围环境中的刺激进行体验和练习的结果"。经过多年的音频实践工作后，工程师们通常会开发出很强的听评能力。通过增加对特定声音类型及声音处理方式的关注，以及比较不同声音之间细微的差异，我们可以学会区分声音属性之间的差异。比如有两个听音人，一位是专家，另一位是新手，他们对同一音频信号表现出一致的听音能力，这时专家级的听音人可能对特定的声音属性有明确的描述，而新手则可能对此全无感觉。通过集中性的练习，刚刚入门的音频工程师最终可以对其原来不能区分的音质和声音有一个明确的判断。

沿着这条思路，感知编码器开发人员发现，他们的专家级听音小组参与者能够更容易地识别他们所熟悉的失真，而不是他们所不熟悉的失真。一旦知道在MP3编码的歌曲中惯有的"颤音"或"金属镶边"是什么声音，即使这些失真声音相对于信号（音乐）来说比较弱，我们也更容易听到失真效果。突然之间，所有的MP3音乐都变得难听了，原因是我们无法控制自己不去听这些编码"噪声"。

在技术性听觉训练中，有一类训练关注的是声音的音色。这种类型的训练所追求的目标之一便是让被训练者更加熟练地区分和分析各种各样的音色。音色通常被定义为除音高或响度外的声音特征，通过辨别音色，听音人可以区分两种或两种以上的声音。音色是声音的多维属性，由如下物理因素决定：

- 频谱成分：声音中呈现的所有频率成分；
- 频谱平衡：各个频率之间或各个频率区域之间的相对平衡；
- 振幅包络（幅度）：整个声音的建立（或音符起始时间）和衰减过程，以及各个泛音的建立和衰减过程。

没有经过专门音频或音乐方面训练的人也可以很容易地区分出小号和小提琴的声音，即便两种乐器演奏的音高和响度都是一样的，人们还是能听出两种乐器的音色差异。

在日常的语言交流中，我们使用音色辨别能力来识别语音中的元音。元音的发音方式取决于各个共振峰，即声道（共振腔）在声学上产生的各个谱峰。我们的耳朵可以通过前 3 个共振峰分辨出不同的元音。我们用特定的字母命名这些不同的元音（音色）。因为当我们说话或听别人说话时，似乎会自动地把音色映射到标签（元音）上，所以我们可能没意识到自己已经在进行这种与技术性听觉训练相关的事情。通过技术性听觉训练，我们可以向自身音频素材库中添加一组新音色及与其相关联的新标签（元音）。

古典音乐爱好者可以仅根据声音的音色从整个大管弦乐队中辨别出某一种乐器。他们甚至可以将 C 调小号从 B♭ 调小号中区分出来，或将 E♭ 调单簧管从 B♭ 调单簧管中区分出来。电吉他演奏者可以很容易地区分出单线圈拾音器和双线圈拾音器的声音。Techno 舞曲和 House 舞曲的音乐制作人可以从他们制作的音乐的音色中识别出不同型号鼓机的声音。流行音乐虽然在旋律与和声方面相对比较简单，但从制作层面来讲往往使用复杂的多层信号处理方式来体现音乐的张力。经过复杂的多层信号处理方式去进行音色的控制已经成为电子流行音乐的主要艺术特征之一。换言之，录音棚已经成为一种音乐乐器，因为录制出来的音乐的音色需要进行越来越复杂的处理。当所有音频处理选项都可用时，我们就必须具备能注意到音色之间更为细微的差别的能力，也要意识到我们的声音调色盘上有无数种音色。

在录音领域中，专业音频工程师常常会关注那些普通人根本察觉不到的音色上的细微差异。例如，在比较两个不同的传声器前置放大器的音色或者 1dB 的电平变化时，新手可能根本听不出其中的差别。但经验丰富的音频工程师有责任听到这些细节，并据此作出决定。

专业的录音工程师和专业听音人可以将自己的注意力集中在特定的声音属性上，并将这些特定的声音属性从混音作品中区分出来。有些音乐家和作曲家也会利用经验训练自己的耳朵区分出混音作品中具有细微差别的声音。这里有一个想分享给大家的小故事：一次在我对一段管乐队作品进行混音时，这首曲子的作曲家也在控制室里。这位作曲家有着丰富的录音经验，对音乐音质有着高水平的听评能力。当我们在重放经过音乐编辑后的乐曲版本时，他正好注意到在管乐组和打击乐组的声部间存在着一个错位的响木敲击声。我听了许多遍这个地方才听到那声非常弱的响木敲击声，所以感觉有点尴尬，并为我没能立即听出来这些声音而感到沮丧。自从我自己也听出了这个声音，我就能在之后的每一次重放中辨认出它。这正是我们作为录音工程师要一直保持高水平听评能力的原因。

在技术性听觉训练中，还应关注音频工程中常用的各种信号处理的性能、特征，以及所产生的衍生声音成分，这些信号处理包括以下几个方面。

- 均衡和滤波
- 混响与延时
- 动态处理
- 立体声声像的特征

另外，技术性听觉训练还要关注那些不想要或多余的声音特性、特征，以及可能由有缺陷的设备所产生的衍生声音成分，特别是设备间的设备连接或设备的参数设定所引发的问题，比如噪声、嗡嗡声或哼鸣声，以及无意识的非线性失真等。通过全神贯注地听音，音频工程师应该能够确定对最终的缩混作品产生积极或消极影响的声音特征，知晓如何将对音色的主观印象与物理控制参量联系在一起。工程师的首要目标就是要能够快速地察觉出声音的微小细节，并对此给出相应的决定方案。

20 世纪初以来，录音技术的进步对音乐的发展产生了深远的影响。录音本身可能只是简单地记录音乐表演，即工程师不需要对音乐进行处理或混音，只需尽可能清晰地记录传声器的信号。但更为常见的是，为了更高的唱片销量，音频工程师通过有意识的、富有想象力的信号处理、编辑、动态平衡、声像变化、音色塑造等方法，在吸引听众注意力方面发挥着积极的作用。

通过技术性听觉训练，我们不仅可以将关注点放到声音的特定属性上面，还可以确定特定的声音特质，以及让这种声音特质可闻的信号处理类型。在听觉训练过程中，听到正在使用的均衡器和这个均衡器之间的差异是非常重要的一步，但是了解均衡器的特定参数设置会更有帮助。正如视觉艺术和图形设计方面的专家可以利用细微的阴影和色彩饱和度等描述其判断一样，音频专业人员在音频领域也可采用同样的方法来描述其对声音的判断。

音频工程师、音频硬件及软件设计人员及最新感知音频编码器（如 MP3）的开发人员都借助于听评能力来描述音频信号处理并作出最终的设计决策。精准的音频测量工具和各种研究结论正在缩短音频工程师之间的差距，但客观的音频测量并不能保证所有的声音对我们的耳朵而言都是悦耳的。

总谐波失真（THD）是衡量设备质量的标准之一。通常情况下，设备设计者的目标是尽可能降低总谐波失真电平，但一种失真的总谐波失真电平可能比另一种失真的总谐波失真电平更容易被听到。俄尔·格迪斯（Earl Geddes）和莉迪娅·李（Lidia Lee）等音箱设计师及声学专家在 2003 年就指出，人们对测量到的仪器内部产生的高电平非线性失真的感知程度可能比对测量到的低电平失真的感知程度还低一些，这种感知程度取决于失真的属性和所采用的测量方法。反过来说也是成立的，即对于所测量到的低电平失真，人们可能从听觉上感觉更明显。失真会在信号中产生新的泛音，但现有的频率分量可能会遮蔽这些泛音。如果前文所述失真产生的泛音恰好是原信号的谐波，这些新的谐波将与信号中存在的任何现有谐波混合在一起。如果失真产生的是非谐波泛音，人们可能更容易听到这些非谐波泛音，原因是它们不再与现有的谐波相匹配。

虽然频率响应可以量化，但这是证实主观偏好比物理测量更重要的另一个例子。听音人可能更喜欢在无回音室（消音室）测量到的频率响应不那么平直的音箱重放出的声音，其原因是频率响应仅仅是衡量音箱重放声音整体表现的其中一个客观测量指标。声音功率和指向性这两个参量，也会影响音箱重放声音的整体表现。汽车音响系统工程师表示，相比家庭立体声音箱，听音人更喜欢低频成分多的汽车音响系统。借助听音测试和消费者的反馈，汽车音响系统工程师已经可以确定频率响应平直的汽车音响系统不一定是消费者的首选。在其他音频制品设计领域，软件算法和硬件设计的最终调谐通常是专家级听音人用耳朵来完成的。因此，虽然物理测量在设备的设计和开发中非常重要，但最终的判断还需要额外的主观听音测试。

当然，在音乐录制和后期制作中，我们无法测量或量化哪种混音版本更好，所以只能依靠自己的耳朵。这项工作的艺术性大于科学性，但我们在做这些工作时要日复一日地保持高标准且稳定的状态，这就是技术性听觉训练可以帮助我们的地方。

下一节将会讨论技术性听觉训练的如下 4 个主要目标。

- 将音频属性与我们对声音的主观感知联系起来

- 提高我们辨别声音微小细节的能力
- 当需要改变信号处理、缩混平衡或其他参量设置时，提高我们识别声音的速度
- 提高我们进行这些判断的一致性

1.2.1　将音频属性与感知能力联系起来：同构映射

音频专业人士都知道听出声音细微变化的重要性。他们明白产生这些变化的原因并能通过使用音频处理和录音技术等方法去解决问题。本书的目标之一就是构建一个技术和工程参量与声音感知属性之间的同构映射。简单地说，就是帮助人们将听觉感知与音频信号的物理属性联系起来。

声音是短暂且无形的，然而，音频工程师的任务是对声音进行"塑造"，以获得特定的效果。我们通过借鉴电平表、波形显示和信号处理参量等视觉方式来帮助处理声音的一些"无形"性。同构映射将一些具体和有形的东西（信号处理器设置）与一个更抽象的概念（我们对音色的主观感知）联系起来。虽然你可能不知道"同构映射"这个概念，但可能已经在心理上构建起了这种联系。借助音频设备的使用经验，当工程师设置一些参数时，就可以预测在 1kHz 处进行频率提升或 125ms 延时的声音效果。实践经验越多，工程师对声音特征的预测和评判就越准确。

众所周知，音频设备参量设置与音频信号的物理属性相对应，但是这些客观参量听起来是什么声音效果呢？例如，参量均衡器可以对频率、增益和 Q 值进行控制。仪器设备上标记出的这些物理属性与音频信号的感知属性没有自然或明显的相关性，但是工程师要通过对这些物理属性的控制来影响听音人对信号的感知。工程师如何知道在 315Hz 处，$Q=2$ 的设置下提升 6dB 后的声音听起来是什么效果？如果没有使用均衡器的经验，我们无法预测最终的音色。刚入门的音频工程师或许可以在概念上理解"压缩比"这个术语，但他们可能不知道如何有效地调节参量，或者不知道在调整参量后声音会发生什么变化。

什么物理特征可能产生"明亮的"或"浑浊的"声音？应该提升某一特定频率、改变动态处理方式和人工混响，还是应该调整所有这些物理特征的某些组合方式？主观描述是不可靠的，原因在于人与人之间的主观描述或不同情况下的主观描述是不一致的，而且这些主观描述与声音的物理特征没有直接关系。听上

去"明亮的"定音鼓可能意味着其在某一环境条件下 4kHz ~ 8kHz 存在过大的能量或者在 125Hz 附近能量不足，也可能是其他原因导致的。大多数均衡器没有主观上的质量标签，不过布莱恩·帕尔多（Bryan Pardo）和他在美国西北大学（Northwestern University）的交互式音频实验室（Interactive Audio Lab）的成员一直从事均衡器和混响器界面的研究工作，并尝试将该界面以语言描述的形式与音频处理参数对应起来。在用户研究的基础上，他们将均衡器主观描述的一些词语（如"温暖"和"尖细"）和描述混响器效果的一些词语（如"浴室般的"和"教堂般的"）与客观信号处理参量联系起来。

心理物理学家多年前的研究表明，人们可以明显感受到"变化"所产生的影响。人类的各种感官是变化的探测器，它们对环境的变化最为敏感，比如一道闪电或雷声。我们倾向于忽略那些不变的刺激，比如家里的灯光和室内温度，或者冰箱的嗡嗡声。当噪声停止时，我们才会注意到它们的存在（比如冰箱和空调的连续嗡嗡声，或风扇发出的噪声）。如果你曾检查过你的眼睛，你就会知道验光师需要迅速从一种镜片切换到另一种镜片才能找到正确的解决方案。对于音频而言，当从一个耳机或音箱切换到另一个耳机或音箱时，我们可以更清楚地注意到声音之间的差异。从某一个耳机或音箱中听到的声音可以是"较暗的"（低音重）、"明亮的"（高音多）或中频较多。但当我们持续通过某个设备听声音时，我们就能适应这些声音，这些音色差异也会变得没那么明显；在我们习惯了这个声音以后，我们就会以为我们正在使用的是专业级别全频带音箱（并非计算机系统中的音箱），这时我们会开始主观认为这种声音的频率响应是平直的。缩混时，从一个监听音箱切换到另一个监听音箱将有助于降低我们对某一监听音箱质量上的缺陷的适应程度。如果我们适应了某一特定的监听音箱，就会不由自主地添加一些处理来补偿这台监听音箱的不足。如果监听音箱在高频范围内存在缺陷，我们倾向于在混音过程中多加一些高频来进行补偿。虽然正如迈克尔·森尼尔（Mike Senior）在他的著作《小型工作室混音制作指南》（*Mixing Secrets for the Small Studio*，2011）中描述的那样，我们可以准备一些"参考录音作品"以帮助缩混过程更加客观和一致。

声音的主观描述听上去可能有些模糊，但是如果我们知晓所用形容词的确切含义，就可以减少这种歧义。当然自己也可以创造一些词汇来描述声音的各种特征，但这样的描述可能与其他工程师的描述不一致。那为什么不使用已经存在于参数均衡器上的参量标签来描述声音的各种特征呢？可以围绕着中心频率、*Q* 值及提升量或衰减量对均衡器上的设置进行说明。

而培养对特定频率下声音提升或衰减后的记忆能力，以及对信号的感知属性是至关重要的。通过练习可以评估音频信号的频谱中是否存在能量不足或某些频率过多的情况，并借助耳朵仔细地调整。通过多年的练习，专业音频工程师培养出了属于他们自己的将感知到的声音特征与设备参数进行相互转换的方法。另外，他们还培养出了对录音中微小细节的极高敏感度。例如小定音鼓是否存在重复性的延时？它重复了多少次？电贝斯是否在混音作品中以合适的比例出现？还是它需要更多或更少的压缩？

虽然录音工程师可能没有统一的语言来描述特定的听觉效果，但他们中的大多数人已经具备了一套自己的方法，从而在所听音质和可用的信号处理工具之间进行映射转换。听力专家可能很难发现新手和专业音频录音师之间的听力水平有什么不同。这里面可能还存在着其他问题：专业人士的听力在客观意义上可能并非更胜一筹，但他们专注于声音属性和辨别各种音质的能力更强；而且他们对声音和音色的感知是经过精心调校的，且具有一致性。

录音工程师对录音棚及其相关音频信号处理方面的掌握程度，与专业音乐家对乐器的掌握程度相当。小提琴演奏者对于将其手指放在琴弦何处、如何拉弓才能准确地发出所要的声音等了如指掌。音频工程师在调整或选择效果器参量、决定推子的位置或传声器型号之前，对这些音频信号的处理能力也应与音乐家对自己所用乐器性能的了解程度一样，达到相同的熟练程度。在调整效果器参量之前，比如在 4kHz 处提升 3dB 或提高压缩比后，就应该对调整后的声音变化效果了然于胸。总有一些时候，我们无法识别音频信号处理与设备之间的特定组合（会产生什么效果），但如果我们总花大量时间去猜测音频信号处理后的声音变化效果，那么我们的工作效率就会大大降低。尽管我们有大量的插件和硬件效果器可以使用，但这些设备主要可作为如下 3 组信号处理方式之一进行使用。

1. 频率 / 频谱控制——均衡器、滤波器
2. 电平和动态范围控制——压缩器 / 限制器及扩展器 / 门处理器
3. 空间控制——混响、延时

如果事先对特定的参量改变会给所录制音频信号的音质带来何种影响有所掌握，那么工程师的工作效率就会大大提高。假如工程师达到了如此高的水平，那

么他就能快速地对音质变化做出响应，就如同音乐家在合奏时能迅速领悟彼此的动作一样。

就像制作人布莱恩·伊诺（Brian Eno）所说的那样，有了足够的设备和信心，可以对这些设备多进行一些实验性的测试，到那时候录音棚就真的可以成为我们手中"演奏"的乐器。工程师可以从输入端，一直影响最终音乐录音作品的艺术输出效果。通过调整平衡、缩混各个声音层及对整个频谱进行音色塑造，工程师可以为听音人重塑声音场景，从听觉上引导听音人去体验音乐艺术家们所要表达的情绪，获得满意的音乐体验。

1.2.2　提高领悟力

技术性听觉训练的第 2 个目标是提高我们对微小细节的感知度，这样我们就能辨别声音物理参量的细微变化。经验丰富的录音工程师或制作人可以识别出其他业余人士注意不到的声音细节。在复杂的录音项目中，录音师要做出的有关音质和音色技术方面的决策虽说没有上千次，但至少也有上百次，这些决定都会影响最终音乐成品的质量。有些决策可能更容易被听到，但工程师在录音项目中会考虑到如下一些因素。

- 传声器——录制每件乐器所需要的传声器型号、指向性、摆放位置和摆放角度。
- 前置放大器——所用的每支传声器的前置放大器型号和增益设定，这些通常用于优化传声器输入信号电平以避免削波。
- 信号电平——每条轨道可以拥有多个增益级，这取决于信号通路中的处理方式和其他设备的影响，但其目标是最大限度地提高信噪比，并最小化模数转换过程中的量化误差，避免录制中产生失真 / 削波。
- 频谱 / 音调平衡和音色质量——为每个声轨设置特定的均衡器和滤波器参量。传声器的选择和摆放位置也在频谱平衡中发挥着一定作用。声染色现象或声音听上去比较"温暖"，通常是模拟磁带、变压器和电子管所产生的失真造成的结果，这些失真通常非常微妙，因为有时有助于调节音色平衡。
- 动态范围和动态处理。音频信号从极强（fortissimo）到极弱（pianissimo）存在一定的变化范围，可以通过动态处理改变这一变化范围，比如进行压缩或扩展处理。

- 空间特征——录音室 / 大厅内的环境声学特性和传声器在室内的摆放位置，以及人为混响、延时、在立体声或环绕声中声源的声像和定位。
- 平衡——混音中各个声轨之间的相对电平。
- 处理效果——镶边效果、移动相位效果、合唱效果、颤音效果、失真 / 过载效果。
- 噪声——它可以以多种形式呈现，但我们通常不希望其成为录音过程中的一部分。噪声主要分为以下两类。
  - 电子噪声。咔嗒声、砰声、磁带嘶嘶声、量化误差、50Hz 或 60Hz 电源供电或接地回路的哼鸣嗡嗡声。
  - 声学噪声。来自空气处理系统的噪声（也许因为这是一种低沉的轰隆声，所以不会立即显现出来）、来自外界及环境中的噪声（例如交通工具发出的声音、人们的说话声、脚步声等）。

上述是影响人们对音频信号进行判断并影响音色的主要技术参量的分类。以上每一项都包含无数的细节。例如，数字混响插件通常为每个频段提供诸如衰减时间、预延时时间、早期反射、调制、扩散、空间大小、滤波和每个频段的衰减时间倍增器等控制参量的设置。

虽然一些音频工程师的决策对声音效果的影响相对较小，但是由于它们是被累加到一起构成了一个相关的整体，所以这种累加效应使得每一阶段的决策都对最后音频制品的质量产生着至关重要的影响。无论是声音系统中各个组成部分的质量还是项目录制过程中每一阶段音频工程师所做出的决定，累加效应都是值得注意且实际存在的。在项目实施初期做出的会导致音质下降的决策在日后并不能被修复。在缩混当中同样也不能对之前出现的音频问题进行修正，因此我们必须注意每一个关于音频信号路径和音频信号处理的结果。例如，在我们将传声器信号压缩并将其电平提高 12dB 之前，它发出的低强度嗡嗡声可能听起来微不足道。只有聚精会神地去听，我们才能迅速地对音质和音色做出反应，听出那些可能会对后面混音造成麻烦的潜在问题。比如，画家可以利用特定的颜料和细腻的笔法，绘制出令人震撼的绘画作品。录音工程师也可以采用类似的方法进行工作，将关注点放在各种具体的声音特征上，并将其作为一个整体进行组合、混合，使这些声音特征相互支持，并最终制作出更有力度、更有深度的混音作品。

1.2.3 提高感知的速度

技术性听觉训练的第 3 个目标就是在音频工程师识别和决定恰当的工程参数方面，提高工作的速度。在录音和缩混阶段可能会花费大量的时间，其间要做出上百次的精确和非精确的调整。如果能够更快地掌握各种声音特征，那么就可以在给定的制作周期内更有效地开展工作。在录音过程中，可能会在比较和更换传声器的过程中消耗大量宝贵的时间，越快发现不足之处或找到理想的声音，就越能快速开展其他工作。

通过提升某一个方面（比如均衡）的听评敏感度可以增强我们在其他方面（比如压缩和混响）的认知和敏感程度，从而全面地提高听评技能。虽然目前并无支持这个观点的论据，但可以举一个类比的例子。几年前，我开始对字体类型和基本的平面设计原则产生兴趣。当我开始学习这些概念时，对网站和印刷字体的观察开始与以前大不相同，开始注意到图像和文本的对齐、配色方案及平滑度等很多细节。

音频工程的主要部分（录音、缩混和母带处理）是一门没有标准答案的艺术，因此本书并不能为读者提供不同条件下所谓的"最佳"均衡、压缩或混响设置方面的建议。针对某一环境条件下的某一乐器的完美均衡可能在其他的环境条件下并不适宜。然而，本书试图教会大家如何具备这些听觉方面的能力，这样就可以确定什么时候想要什么样的声音，什么时候需要解决哪些特定的问题。从事缩混工作的新手可能会产生一些模糊的问题，比如，他们会感觉有些地方不太对，或许可以进行一些改进，但又不知道问题出在哪里，也不知道该如何解决。而经验丰富的音频工程师拥有成熟的听音技巧，能够听出各种声音，并能够明确问题出在哪里，以及知道如何纠正这些问题。例如，可能底鼓在 250Hz 左右能量过大，钢琴则需要在 1kHz 处能量多一些，而人声在 4kHz 左右能量过于集中。通过技术性听觉训练，我们会获得解决诸如此类特定问题的能力。

标准的录音棚信号处理类型如下。

- 均衡（参数化、图示化和滤波器）
- 动态——压缩 / 限制，扩展 / 门处理
- 基于空间和时间的处理——混响、延时、合唱、镶边
- 增益 / 电平

针对上述每一种标准的录音棚信号处理类型，都有各种价位和质量的产品型号可供选用。如果研究一下压缩器，就会发现各式各样型号的压缩器产品具备基本一样的功能——它们都可使响亮的声音减弱一些。虽然大部分型号压缩器产品具有一样的功能，并产生基本类似的声音特征，但是每种型号的压缩器产品降低增益的方式并不完全一样。压缩器中模拟电子技术或数字信号处理算法的差异可以产生各种不同的声音效果，每种型号都会有自己独特的声音。通过听音练习，可以了解不同品牌和型号的压缩器在音质上的差异，而且可以根据这些独特的音质特征及处理效果选用适合自己需求的产品。许多模拟信号处理器都有软件插件版本，其中插件的界面设计几乎与硬件设备模块的界面设计相同。有时由于两种设备看上去一样，人们可能自然而然地认为其声音也是一样的。遗憾的是，两种声音听上去并不总是一致的，但是这确实有可能误导使用者，使人们认为声音的复制结果会与设备的视觉展现一样完美，尤其在我们没有模拟版本进行比较的时候。可以说，模拟电子器件与执行等效数字信号处理的计算机代码之间并不总是可以进行直接转换，而且创建模拟电路模型的方法有很多种，因此设备会在音质上产生一些差异。也许这并不是一件坏事，因为可以根据某个插件的实际情况来区别对待，而不是把它当作某种具有历史意义的设备。

例如，虽然每个型号的压缩器都有自己独特的声音，但我们应当具备将一种型号的压缩器设备的知识运用到另一种型号上的能力（举一反三），并且在短时间的听音适应后也可以有效地使用一个从没用过的压缩器。这就如同钢琴家每次适应新钢琴一样，工程师必须调整并掌握给定功能不同的设备间那些细微和非细微的差异。

1.2.4 提高一致性

最后，技术性听觉训练的第 4 个目标是增强和保持我们日复一日对不同项目进行听音判断的一致性。专业听音人之所以被认为是专家，部分原因是他们对音质和音频属性的判断在一般情况下是具有一致性的。例如，如果专业听音人参加了一项比较音箱音质并对其进行评分的盲听测试，他们每次进行评测时都可以对指定的音箱给出相同的评分。听音人可以日复一日地对一种音箱给出相同的评分，这很了不起，尤其是在只了解听感而对其他信息一无所知的情况下。从基础层面上来说，也许你对你经常使用的音箱型号非常熟悉，以至于你可以在包括另一个未知型号音箱的盲听测试中识别出它们。因为你对它们的音色特征非常熟悉，所以在某种程度上，你是这些特定音箱的专家级别听音人。专业听音人可以快速且准确地识别音箱的声音特征。他们可能会听到大约在 100Hz 附近的共振,在 1250Hz 的地方有些频率"下陷",还有大约在 8kHz 处也存在共振现象。通过在这个层面准确地评估音色,他们可以总结出这款音箱的声音特征,所以当专业听音人再次进行音箱盲听测试时,他们依然可以正确地判断出自己所用的音箱。

保持听音判断的一致性还可以帮助我们更快、更自信地开展工作。如果我们都能识别出 125Hz 处的共振,而不会把它与 250Hz 或 63Hz 处的共振特性混淆,这将有助于我们更自信地、更快地开展工作。请注意,你在学习"倾听"的过程中并不总是进步的,因为可能会遇到一些问题。一些学生反馈说,在刚开始进行均衡技术性听觉训练的几周后,他们的听音判断的一致性都出现了短暂下降的情况。虽然目前还不清楚为什么会发生这种情况,但这似乎是学习和记忆过程中的正常情况。在我们进行训练时,我们的听音意识会增强。可能在真正提高这种频率记忆之前,我们过快地产生了自信。此外,还需要注意的是酒精和睡眠也会影响我们的听音能力。随着不断的练习,我们的听音能力会有所改善,但是要注意,即使在训练和练习中取得了一些初步成功,偶尔在均衡器模块中出现对频率共振的错误判断也是很常见的。

1. 日常听觉训练练习1:日常声音

我们的耳朵每时每刻都在获取各种声音,所以无论我们走到哪里,都会出现各种针对耳朵训练的机会。当你开始进行日常活动时,试着每天进行几次这种练习,特别是当你未进行音频项目工作的时候,这有助于你把注意力集中在声音上。

现在你听到的是什么声音?请采用以下因素来描述单个声音的音色和音质并对整体声音场景进行描述。

- 频率成分——这些声音是宽频带(几乎所有频率的声音)还是窄频带(也许只有低频声音或高频声音)?是否具有可识别的音高或音调,或者主要成分是噪声?
- 时域特征——是重复的、周期性的或有节奏的声音吗?是暂时性的声音吗?是具有稳态或连续性的声音吗?
- 空间特征——相对于你而言,声源位置在哪里,离你近、与你呈一定角度,还是与你呈一定方位角?每一种声音的声源位置在哪里?这一声源位置是清晰准确的,还是模糊不清的?如果有可识别的回声,它们来自哪里?声音场景有多宽?声源有多宽?

- 除了比较明显的声音外，还存在其他在通常情况下被人们忽略的连续性的、低电平的背景声音吗？比如空调噪声或灯具发出的声音等。

- 声音的整体和相对强度有多大？

- 声学空间的特征是什么？试着只用你的耳朵来描述周围的环境。有什么明显的回声吗？混响的衰减时间有多长？

- 你能听到任何共振或颤动的回声吗？我的说话声音在我家浴室水槽上方的空间中存在一个共振频率。那是我在洗手池边谈话时偶然发现的。如果我把头置于水槽上方讲话，在共振频率内的词会比其他词听起来更响亮。如果你注意到某个声学共振频率正好在你的演唱音域里，那么试着唱一唱，通过改变你的音高，看看是不是在共振频率下你的声音会变得更响亮，但在其他频率下会变得更小。通常情况下，浴室是一个有趣的声学空间，因为那里通常会有比较坚硬的反射面和相对较长的混响时间。

- 如果转一下你的头，你听到的这个声音的音色会有所改变吗？当移动你的头时，你能听到这个声音在音色上的逐渐变化吗？

2. 日常听觉训练练习2：录制的音乐

当你发现自己处在一个播放音乐的环境中，而不是在参与音频项目的制作时，试着分析一下你所听到的音色和音质。不论你在商店、餐馆，还是有人在你家放音乐，或者你走在街上听到了一些音乐，你都可以分析一下你所听到的声音。

- 利用低、中、高频率范围来描述所听到录音制品中的音色或频谱平衡情况。这些声音的低、中、高频率足够吗？是否包含太多的低、中、高频率？

- 你能听清缩混作品中的所有声音元素吗？如果可以，哪些声音元素是难以听到的，哪些声音元素是最突出的？

- 如果是你熟悉的录音作品，那么声音的重放系统和重放环境对这个声音音色有哪些影响？这个声音听起来和你记忆中的声音不一样吗？如果不一样，又有哪些不同？此时的声音平衡与你在其他听音场所听到的声音平衡一样吗？

3. 日常听觉训练练习3：语音

下次在你听到别人说话时，可以注意一下他或她说话的音质。

- 音调——他或她说话的声音听起来低沉、圆润、尖锐、刺耳，还是像孩子一样？

- 口音——你能区分他们的口音吗？需要注意，你或其他人发元音时的不同。即使是在以英语为主要语言的国家，也会有成百上千种不同的方言和口音。

- 音高变化——注意语音的音高轮廓。除非说话人的声音是完全单调的，否则音高很可能会在基本频率范围内发生一些变化。

- 外语语音——如果你听到有人对你说外语，请注意那些你所不知道的发音。注意听一些与你的母语或其他你可能了解的语言相似或有差别的发音。

1.3　声音塑形

不仅可以通过音乐的旋律、和声和结构来识别音乐录音，还可以通过在录音过程中建立的乐器音色来识别。在录制音乐的过程中，工程师和制作人根据音乐性和艺术性对声音进行塑形。音色的塑造在录制过程中极为重要。在维吉尔·摩尔菲尔德（Virgil MooreÞeld）的《担任作曲家身份的制作人：流行音乐的声音塑形》（*The Producer as Composer: Shaping the Sounds of Popular Music*，2005）一书中详细描述了录音和声音处理设备在作曲过程中的作用。音色已经成为录制音乐的一个重要因素，以至于在音乐的音调或旋律充分展开之前，就可以单独将音色作为一个特征来识别曲目。格伦·莎伦贝格（Glenn Schellenberg）等人在多伦多大学的一项研究（1999）中发现，听音人只需要听到 0.1s（100ms）长度的音乐片段，就能正确识别出该音乐。流行音乐广播电台经常举办类似的活动，即在广播中播放从著名音乐录音中截取出的较短音乐片段（一段不到 0.5s 时间长度的音乐），然后请听众打电话进来回答歌曲的曲名和表演者姓名。这样的音乐片段时长太短，来不及识别出音乐的和声、旋律或节奏。听音人需要根据音色或"混音"的特征来进行正确的曲目识别。丹尼尔·莱温延（Daniel Levitin）在他的文章"这是你的音乐大脑"（This is Your Brain on Music，2006）中也阐述了录音作品中音色的重要性，并指出"保罗·西蒙（Paul Simon）对音色的思考：他在听自己和其他人的音乐时所做的第一件事情就是听听其中的音色"（第 152 页）。

录音棚对音乐的影响之一就是它能帮助音乐人和作曲家创造一个在声学上不可能实现的声音场景。纯粹的非声学声音和声像在电子音乐中最为明显，其声音来自电子声源（模拟设备或数字设备），而非传统乐器的振动弦、振动膜、振动音棒或空气柱。电子音乐通常将声学声音的录音或样本与电子设备产生的声音（如合成器发出的声音）结合在一起。纯电子声音和纯声学声音之间的区别并非十分清晰，尤其是我们可以将纯声学录音作为声源，通过数字化方法合成全新的声音。

声学声源和电子声源的范围很广，可以将其分为 4 类。

（1）纯粹的声学声音——由传统的声学乐器或人声产生的声音。

（2）经过放大的声学声音——比如电吉他、电贝斯或电子键盘（芬达·罗兹或沃利泽，Fender Rhodes or Wurlitzer）——由振动装置（弦、齿或簧片）产生振动并通过电子方式放大，然后从音箱中传出来的声音。

（3）经过大幅修改和数字化处理的声学声音——已经被录制的声音在处理后形成的新声音，这些新声音可能与原来的声音完全不一样。例如，如果我们以足够快的速度重复播放一个敲击小军鼓的录音或采样（即重复播放的速率超过每秒 20 次或 20Hz），我们听到的是一种有音调的、持续的声音，而不是原始的短暂的敲击声。通过运用声音处理技术可以创造出无数的新音色，例如可以使用粒子合成技术和波表合成技术。

（4）纯粹的电子声音——在模拟设备或数字设备中产生的声音。幅值根据正弦函数随时间变化的声音被称为正弦音。多个具有恰当频率和振幅的正弦音可以产生标准方波和三角波，以及任何其他人可以想象的音色。控制正弦音的起动时间（音符的起始时间）和衰减时间（声音淡出时间），可以将它从稳定且连续的声音转换为更具音乐性的、时变的声音。在以高于 20Hz 的速度调制正弦音的频率或幅值时，可以产生新的音色，分别是所谓的调频（FM）合成和调幅（AM）合成。

当然，可以采用常用的音频信号处理器和插件（均衡、动态压缩和混响）来明显改变纯声学乐器的录音。可以对所录制声音的频谱、空间特性和动态属性进行处理，以改变声音原来的属性，创造出原本声学乐器不可能发出的全新声音。在录音和缩混的过程中，可以根据缩混的复杂性和项目的最终音乐目标来控制多个参量。在缩混过程中调整的多个参量是相互关联的，例如，在调整某一声轨时会感觉到另一声轨也受到了影响。每件乐器的信号电平都会影响整个缩混过程的听感或关注重点，工程师和制作人可能会花费大量的时间来调整信号电平——小到 1dB 的几分之一，以创造合适的平衡。例如，稍微提升一点电贝斯的信号电平可能会明显影响底鼓或整个缩混效果的听感。施加在每一声轨上的每一参量变化，不论是电平（增益）、压缩、混响，还是均衡，都会对其他单件乐器（组）或整个音乐的听感产生影响。由于缩混的各个要素之间存在这种相互影响的关系，因此工程师希望做出细微的调整和改变，以逐步建立和雕琢出生动的缩混作品。

目前，利用现有的物理测量工具无法测量出所有可以感知的音频质量。例如，像 MPEG-1Layer3（通常被称为 MP3）这样的感知音频编码方案的研发都需要采用专家组听音的方法来确认数据压缩处理所带来的衍生声音成分和声音劣化程度。由于感知音频编码是利用心理声学模型来去掉录音信号中被认为听不到的成分的，所以对这种类型的处理唯一可靠的检测工具就是人耳。采用受过听音训练的听音人所构成的小样本数要比采用由普通人去测试采集到的大样本数更为有效。原因是前者能够集中听力来对录音的细节方面进行确认，这样可以提供一致性较好的评判结果。

莱内·奎内尔（René Quesnel）和肖恩·奥利弗（Sean Olive）2001 年所进行的研究为此提供了强有力的证据，他们认为：训练人们去听重放声音的特定属性可以极大地影响其对声音属性判断的一致性和可靠性能力，并且还可以提高他们正确识别这些属性的速度。经过完全系统化的音色听觉训练的人会更富有经验且能够高效率地从事音频领域的工作。

1.4　声音重放系统配置

在更为详细地研究听评技术和理念之前，我们要做的第一件事情就是介绍一些常见的声音重放系统。录音工程师的工作主要是通过音箱和耳机来重放声音。

1.4.1　单耳：单声道声音重放

通过音箱重放的单一声道，一般被称为单耳声道或单声道（见图 1.1）。如果只有一个音频通道（或信号），则为单声道。尽管重放音箱不止一只，只要所有音箱重放的是完全一样的音频信号，那么依然被认为是单声道信号。最早的录音、重放和

图1.1　单耳声道或单声道听音

广播系统只采用一个音频通道。虽然这种方法已经不再被普遍应用，但在某些场合还是会被用到。虽然单声道声音重放为录音工程师的创作带来了一定的限制，但是通常这种系统被音箱制造厂家用来对其产品进行主观评价和测试。

1.4.2　立体声：双声道声音重放

由单声道系统演变而来的双声道声音重放系统（或称立体声系统）为音响工程师在声源定位、声像处理、声场宽度感和空间感上提供了更多自由空间。不管是采用音箱还是耳机进行重放，立体声重放方式都是声音重放的一种基本形式。在双声道立体声重放中听音人和音箱理想的摆位关系如图 1.2 所示。

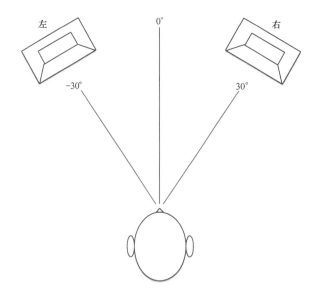

图1.2　理想的双声道立体声音箱及听音位置

1.4.3　耳机

相对于音箱重放而言，利用耳机来倾听双声道音频信号既有优点，也有缺点。使用价位适中的耳机（相对于重放音质相当好的音箱价位而言）可以取得高质量的声音重放效果。相较于音箱，高质量的耳机可以提供更高的清晰度和更多的声音细节，其中的部分原因是耳机重放不受听音空间声学特性（比如房间的早期反射声和简正模式）的影响。另外，耳机也更便于携带。工程师可以将耳机方便地带到设置了他不熟悉的音箱和空间声学特性的地方使用。

耳机的主要缺点就是它为单声道声源创建了头中定位效果。这就是说，声像居中的单声道声源被感知到是从两耳之间大脑内部的某一处发出来的。因为声音直接被传输到耳朵中，而不是先绕过头部、躯干和外耳，或是经由它们反射后再进入人耳。为了避免头中定位的问题，音频信号需要经过头相关传递函数（Head-Related Transfer Function，HRTF）进行滤波处理。简单而言，针对给定声源的定位，HRTF指明了外耳（耳廓）、头部和肩部对声音的反射导致的滤波效应，也指明了该声源抵达双耳的时间差和声强差。空间中的每个位置（高度和方位）都有各自对应的HRTF，通常在测量 HRTF 时要对空间中的多个位置进行采样。另外还要注意的是，由于每个人的外耳形状、头部和上身躯干的形状均不相同，每个人的 HRTF 也是唯一的。HRTF 滤波并非理想的解决方案，因为没有一种适用于每个人的 HRTF；每个人的耳廓都是独一无二的，其形状决定了确切的滤波处理方式。因此，如果我们使用自己的 HRTF 对一段录音进行滤波处理，这段录音对其他人而言也许并没有那么动听。而且，我们在使用非个性化的 HRTF 时通常无法准确定位声音。

对于耳机中不存在耳间串音是优势还是劣势的问题，这取决于你的个人观点。当左边音箱的声音到达右耳时或右边音箱的声音到达左耳时，我们会感觉到耳间串音（见图 1.3）。

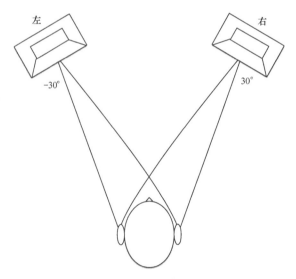

图1.3　带有声道间串音的立体声听音
（声音从左边音箱传到右耳，声音从右边音箱传到左耳）

利用音箱听音的一个优点是，在理想的听音人／音箱配置下，不会出现声音的头中定位效果。但用音箱听音有耳间串音，这会带来一个缺点，即当左、右音箱的声音分别到达左、右耳并在声学上进行结合时，就会出现梳状滤波。采用耳机听音的一个优点是，我们可以摆脱在听音室中用音箱播放音频时产生的那些反射声和简正模式（驻波）。

Goodhertz 公司开发了一款名为 CanOpener 的 iOS 移动应用程序（及与之匹配的数字音频工作站插件 CanOpener Studio，它可以在耳机听音中添加串音，以模仿音箱的听音体验。iOS 版本的 CanOpener 还可以在音频播放过程中显示听音的声级（以分贝声压级的单位表示），适用于多种型号的耳机。正如我们在下一节中讨论的那样，听力保护对于音频工程师来说尤为重要。而音乐播放器非常受欢迎的一项功能是它可以在移动设备上记录听音级（音量大小）。

1.4.4 耳机推荐

由于便携式音乐播放器的出现，近年来市场上的耳机数量呈爆炸式增长趋势。有许多耳机非常适合进行技术性听觉训练，但有些耳机却不适合。销售高质量耳机的零售店并不多，所以我列出了一些不同价位的耳机为你提供一些参考。

在购买耳机之前，你最好多听听不同型号耳机播放出来的声音。可以播放一些你熟悉的录音来测试一下耳机的优缺点，这些录音最好是线性 PCM 或无损格式（如苹果无损或 FLAC），但不要用 MP3 或 AAC 格式的录音。

以下是在比较耳机音质时你需要考虑的一些品质因素。

- 立体声宽度——不同型号的耳机呈现出来的左、右耳声像宽度有什么不同？一些耳机的立体声宽度比某些其他类型的耳机立体声宽度宽了一点还是窄了一点？

- 中心声像——声像居中问题，比如人声，应该集中在中心位置。如果耳机的中心声像比较宽或比较模糊，这可能表明耳机的两个驱动单元相互不匹配。

- 频率响应——声音所有的频率是否都被均等地呈现出来了？还是声音听起来有浑浊、明亮、空洞、尖锐和黑暗的感觉？

- 细节——某款耳机是否在混响方面具有更好的高频声音清晰度或能提供更多的声音细节？

- 低频扩展——你是否可以听到贝斯或底鼓最低的低频？
- 高频扩展——你是否可以听到那些最高的泛音（比如镲发出的那些泛音）？

通过重放自己所熟悉的音乐录音来比较不同耳机之间的差异，并从中发现每种型号耳机的长处和不足。实际上并没有所谓的完美耳机，每种型号的耳机在声音表现上都会稍有差异。

以下是一些关于耳机购买的建议。此列表中包括两大类耳机：绕耳式耳机（耳罩包住外耳的耳机）和压耳式耳机（耳罩压在外耳上的耳机）。耳机的声音播放类型可以分为开放式、半开放式和密闭式。

- AKG K240（爱科技，奥地利耳机品牌，绕耳式半开放耳机）：这款耳机作为录音棚监听耳机已经流行多年。
- AKG K701（爱科技，奥地利耳机品牌，绕耳式开放耳机）：此款耳机的精度比 K240 更高，但它们的声音特征类似。
- Audio-Technica ATH-M50x（铁三角，绕耳式密闭耳机）：一款受欢迎的录音室级别监听耳机，是 ATH-M50 的升级版。
- Beyerdynamic DT770 Pro（拜雅，德国音频设备品牌，绕耳式密闭耳机）：该型号耳机也是采用密闭式设计，并且佩戴舒适。
- Grado（美国歌德，压耳式开放耳机）：Grado 耳机有很多不同的型号，全部采用压耳式设计，即耳罩压在外耳上，而不是像绕耳式耳机那样，用耳罩把耳朵整个包裹在内部。Grado 耳机的性价比很高，尤其是其低端机型。但这并不是市面上佩戴最舒适的耳机。
- Sennheiser HD 600、HD 650 和 HD 800（森海塞尔，绕耳式开放耳机）：这些型号的耳机属于高端机型，价格较高。尤其是 HD 650 耳机，因其准确、温暖和细腻的声音受到录音工程师和评论家的称赞。另外它们也都是采用绕耳式设计，故佩戴起来很舒适。
- Sony MDR 7506（索尼，绕耳式封闭耳机）：在某种程度上已经成为音乐家录音时进行监听的行业标准配置。

开放式耳机并不会阻挡外部声音的干扰，因此可能不太适合在环境噪声比较明显的环境中使用。需要仔细听一些声音细节，以及进行混音工作时，尤其是处于安静环境中时，开放式耳机通常比密闭式耳机听音更准确一些。对于正在录音的音乐人来说，由于从耳机中漏进传声器的声音更少，因此封闭式耳机通常会是比较好的选择。

我最喜欢的耳机是 Sennheiser HD 650（ 森海塞尔 HD650 ）。这个型号的耳机并不便宜，但这种耳机的促销价格比平时的零售价低很多。也许因为这种耳机的频率响应平坦，失真程度较低，我能够通过它听到以前从未听过的录音细节。而且它佩戴舒适。能达到同等重放细节程度的音箱，价格肯定会更高。这些都是我选择使用这一型号耳机的原因。

1.4.5　音箱推荐

和耳机一样，任何两种音箱发出的声音听起来都是有区别的，主要是因为客观声音特征上存在差异性——频率响应、功率响应、失真、分频点等。由于受物理条件及目标价格影响，制造商在音箱的设计上做出了一定程度上的妥协。因此，关于音箱的选择很难给出具体的建议。但在此可以谈论一下音箱的特点。

一般来说，针对专业音频或家庭录音市场设计的两路主动式录音室监听音箱，可能比为消费市场设计的被动式音箱的效果更好一些。从我的经验来看，市场上也会有一些性能优异的被动式音箱，但在给定价格的前提下主动式音箱音质可能会更好些。首先，根据定义，主动式监听音箱为每个喇叭单元（ 如低音单元、高音单元 ）都配备了主动（ 或有源的 ）分频滤波器，以及功率放大器。因此，每个功率放大器为其对应的喇叭单元进行专门的优化。此外，主动式音箱可以减少失真，且更好地控制分频滤波器的频率和相位响应。它的这些特征使得其音质变得更好。同时，被动式分频滤波器会吸收放大器 20% 的输出功率。在消费市场上，被动式音箱经常配有美观的木饰面，所以其成本更高。虽然这些木饰面看起来很美，但再美观的木饰面也不会对音质产生什么改善，它们的音质比不上大多数专业录音棚中外观普通的监听音箱的音质。大多数音箱都是用中密度纤维板（ Medium Density Fiberboard，MDF ）制作的，如果哪些音箱带有木纹表面，那么它们的木纹层一定附着在中密度纤维板上。

为了改善小型工作室监听音箱的低频扩展效果，制造商通常会设计带有倒相孔的音箱箱体(也称为低频反射箱)，也就是音箱箱体上会有一个开口(或倒相孔)。这个导孔会使音箱箱体像亥姆霍兹共鸣器[1]一样产生共振，并在声学上放大某个

1　关于亥姆霍兹共鸣器，最常见的一个例子就是，当我们向一个空瓶子的顶部吹气时，这个瓶子会发出一种音调，其频率取决于瓶内的空气体积、瓶颈的长度及瓶颈开口的直径。

低频频率，而这个频率通常位于或低于无倒相孔音箱的截止频率。其优点是我们可以用较小的音箱及较小的低音单元获得更多的低频声音。而其缺点在于我们无法对这些低频声音进行很好地控制。换句话说，这个倒相孔的共振频率可能会比其他频率稍长一些，从而导致低频声音听起来浑浊不清。大多数录音室监听音箱都是有倒相孔的，播放音质都很好，但有的监听音箱会在低频方面出现一些问题。

　　一些音箱采用封闭式箱体（不带有倒相孔），这有助于避免因倒相孔而产生的低频共振。一些封闭式音箱为此进行的妥协是减少了低频声音的延展。雅马哈 NS-10（Yamaha NS-10）和奥拉通（Auratone）这两款经典的录音室监听音箱可放置在录音棚调音台的表桥上，它们都是封闭式音箱。雅马哈 NS-10 已经停产，但奥拉通已开始重新生产他们的单路（单一扬声器单元）封闭式音箱，另外还有其他公司（如 Avantone 公司）也提供类似的音箱。Neumann 公司在 KH 310 录音棚监听音箱上使用了封闭式箱体。

　　就我曾经听过的音箱来说，通常情况下，我更喜欢 ATC、Dynaudio、Focal、Genelec、Meyer Sound 和 Neumann 等公司生产的主动式录音棚监听音箱。

1.4.6　环绕声：多声道声音重放

　　通过两只以上的音箱进行声音重放被称为多声道、环绕声、三维声重放，还可以更为确切地表示出声道的数目，比如 5.1、7.1、9.1、22.2、3/2 声道和 4 声道重放。尽管针对音乐重放的环绕声系统比较受专业录音工程师们的欢迎，但其在普通听众中的普及程度还比较有限，远远不及立体声重放系统的普及程度。另一方面，电影和电视的多声道环绕声声轨在影剧院中已十分普及，并且其家用系统也越来越普遍。虽然针对环绕声重放系统应该使用多少只音箱及如何摆放的建议有很多，但是被广泛接受的配置方式还是由国际电信联盟（International Telecommunications Union，ITU）的音频研究部门建议的方式，其建议的重放 5 个声道的音箱布局如图 1.4 所示。采用 ITU 建议的布局方式进行音箱摆位的用户一般还使用被称为 .1 的次低音或低频效果（LFE）声道，该声道只重放低频成分，通常是重放 120 Hz 以下的频率成分。

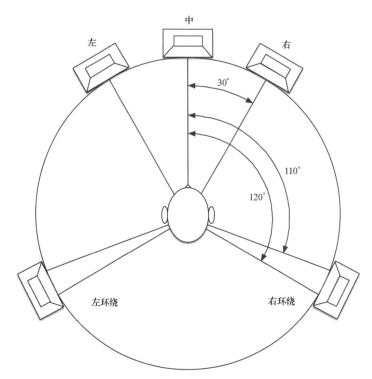

图1.4　按照ITU-RBS.775-1建议（ITU-R，1994）的理想5声道环绕声听音位置，
其中听音人距离5只音箱的距离相等

　　相对于立体声而言，利用多声道声音系统可更为自由地将声源定位在360°
的水平面上。多声道系统更有可能让听音人沉浸在模拟出的虚拟声学空间当中。
在将适当的信号馈送到适当的通道中时，可以营造出空间感和包围感都很逼真的
听音感受。正如布拉德利和苏卢德尔（Bradley 和 Soulodre，1995）所指出的那样：
音乐厅中听众的包围感（Listener Envelopment，LEV）是决定人们空间印象的一
个要素，它主要是由直达声之后80ms及之后到达听众的强侧向反射声来决定的。

　　在多声道听音区域中，某些区域内的声音定位还面临着许多待解决的问题。
一方面，将声源置于两侧时（30°～110°）所产生的声像并不稳定，很难进行
声源的准确定位。然而另一方面，不管听音人处于何种位置，中央声道的出现都
允许我们将声音锁定在前方声像的中间位置，这可能比双声道的立体声系统多一
些优势。不难注意到，在双声道立体声设置中，当我们移动时，我们所感知到的
中央声源位置往往会移动。当使用立体声音箱时，如果我们坐在理想听音位置的
左侧，本来摆在中间的声像听起来仿佛来自左侧，反之亦然。

1.4.7 音频听觉训练练习

无论你是制作人、首席工程师、音箱设计师还是助理工程师，在任何一个音频项目中，主动地听音都是非常重要的。在每个音频项目中，应尝试对如下声音属性进行思考和仔细听辨。

- 音色——评估每种乐器、人声、其他声音、整体混音的音色平衡，是否有什么声轨需要进行均衡处理？对于某种特定的应用场合，传声器放在正确的位置上了吗？近距离放置的传声器是否产生了近讲效应（低频提升）？先考虑总体上的音色平衡——低、中、高频段，然后再试着考虑更具体的细节。

- 动态范围——声级的变化是过大了，还是不够充分？每个声源都能在整首曲子中被听到吗？是否在某一时刻有某个声源丢失了或被其他声音掩盖？是否存在某一声源完全压制住其他声源的情况？

- 整体平衡——各种乐器和其他声源的平衡对音乐作品而言有意义吗？还是存在一种成分过多而另一种成分不足的情况？

- 失真 / 削波——存在任何因信号电平过高而出现的失真问题吗？

- 外部噪声——是否存在因电缆性能太差或接地问题而引发的哼鸣声或嗡嗡声？还有其他与录音无关的干扰噪声吗？

- 空间——混响、延时、回声是否适合音乐、电影、视频及游戏项目？它是否匹配其视觉成分呢？

- 声像——由音箱重放出来的缩混信号左、右整体平衡如何？太窄还是太宽？从左到右均衡吗？

1.5 声级和听力保护

这是一本关于听觉训练的书，所以我们有必要讨论一下听力保护。保护听力不仅对你的职业生涯至关重要，它对你的生活质量也极为关键。噪声引起的听力损失不仅是由过大的噪声引起的，也可能是由巨大的音乐引起的，并且与之相关的耳鸣和听觉过敏是不可逆转的。耳鸣是指在不存在其他任何声音刺激时，"人们在耳朵中主观感受到的声音"。耳鸣听起来像嘶嘶声、咆哮声、脉冲声、呼啸声、唧唧声、口哨声或咔嗒声。听觉过敏是一种使人无法忍受日常正常噪声但不会感到过度不适或疼痛的疾病。听力损失、耳鸣和听觉过敏不仅使人难以完成音频工作甚至无法完成音频工作，而且使人们的日常生活也变得更加困难和不顺心。即使你没有面临过这些问题，你可能也听说过音乐家听力严重损失的事情，所以现在非常提倡保护听力。

音量过大的声音会永久性地损害我们的听力，但要多大音量的声音才会造成听力损害？世界各地的政府机构都发布过应对工作环境中噪声暴露的指南，而这些指南对音频工程师同样起作用。虽然工程师工作时听的是音乐，而非嘈杂工厂的机器声，但高音量的音乐会对工程师的听力产生和噪声一样的影响。如果声音音量太大且持续时间过长，就有造成听力损害的危险。美国国家职业安全卫生研究所（ NIOSH ）建议，在 85dB 时每天的噪声暴露时间为 8h,而且每增加 3dB 噪声，暴露时间应该减半。根据噪声暴露与听力损失的有关科学研究，NIOSH 提出了相关标准和建议。NIOSH 制定的相关标准可以更好地保护听力，因为它提出的标准值更加精确。NIOSH 建议的噪声暴露时间限度如下。

- 在 82dBA 时每天的噪声暴露时间为 16h
- 在 85dBA 时每天的噪声暴露时间为 8h
- 在 88dBA 时每天的噪声暴露时间为 4h
- 在 91dBA 时每天的噪声暴露时间为 2h
- 在 94dBA 时每天的噪声暴露时间为 1h
- 在 97dBA 时每天的噪声暴露时间为 30min
- 在 100dBA 时每天的噪声暴露时间为 15min

如果继续提高噪声声级，比如 115dBA，那么建议的噪声暴露时间是每天 28s。

该如何判断周围环境的声级呢？这里提供一些简单而花费较少的方法。你可以购买一个基础声级计，或者在你的智能手机上安装一个与声级表相关的应用程序。智能手机声级计应用程序的质量参差不齐，但 iOS 设备上有很多还不错的选择，例如 SPLnFFT 噪声测量仪（由 Fabien Lefebvre 设计），SoundMeter（由 Faber Acoustical，LLC 设计），SPL Meter 和 SPL Pro（由 Andrew Smith 设计）。我最喜欢的是 SPLnFFT 噪声测量仪，因为这款应用程序的用户界面清晰易读，并配有不同的计量选项（ VU、FFT 和柱状图 ）。同时，它还包括一个计量计，可以自动显示你在一段时间内噪声暴露的平均值，前文提到的 CanOpener 应用程序也包括一个计量计。如此一来，当你戴着耳机在移动设备上听音乐时，就可以方便地管理噪声暴露的时间。也可以简单地将独立的声级计设备夹在你的衣服上，这样可以更准确地测量噪声暴露的程度。智能手机上的应用程序通常会采用内置麦克风进行校准。虽然这些应用程序在工业测量中可能不够精确，但可以很好地预估噪声暴露程度。用于工业噪声测量的声级计可能需要花费数千美元购买，而且经过了高度精确度的校准。

如果你知晓或怀疑自己正暴露在可能损害听力的高强度声音中，请戴上听力保护装置。有许多听力保护设备可供选择，在此列出如下类型。

- 泡沫耳塞——基本款泡沫耳塞，物美价廉，可放置在耳道中有效隔离噪声，通常可降低 15 ~ 30dB 的噪声。

- 耳罩和护耳罩——这些产品可以像头戴式耳机一样保护耳朵，可有效降低 15 ~ 30dB 的噪声。如果工程师处于嘈杂的工作环境中，需要操作噪声很大的机器，泡沫耳塞和耳罩都是最佳选择。但它们却不适合在音乐会上使用，因为相对于低频而言，这些产品更容易使高频大幅度衰减。

- 高保真耳塞——比如 Etymotic Research 高保真度耳塞，它可以均匀地降低约 20dB 的噪声。由于这些耳塞可以均匀地降低噪声，而且不会产生低沉浑浊的声音，所以工程师要尽可能用这类耳塞来保护听力。

- 定制耳塞——有时会被称为音乐家耳塞，虽然价格昂贵，但却是要求高音质的用户更好的选择。听力专家为每个耳道制作一个单独的模具，再用这些模具来制作耳塞。因为这些耳塞可以均匀地降低所有音频频谱范围内的噪声，所以用起来会更加舒适。Etymotic Research、Sensaphonics 和 Westone 等公司均提供这种定制的音乐家耳塞。

你不应该依赖于塞在耳道里的普通棉球或餐巾纸团。它们对听力保护不起什么作用，原因是它们只提供大约 7dB 的噪声衰减。

正如美国语言与听力协会网站显示的那样：“不要以为你的耳朵很‘厉害’，或者你有能力‘屏蔽’噪声”。噪声引起的听力损失通常是渐进式的、无痛的，但却会造成永久性的听力伤害。一旦听力受损，你的听觉神经及其感觉神经细胞就无法修复。如果你在听完音乐会后发生了耳鸣，那么你内耳中的耳毛细胞可能受到了永久性的损伤。

我对保护听力最基本的建议是：注意你所处环境中的音量。如果音量太高，就采取措施降低音量；当你暴露在过于吵闹的音乐或噪声中时，就应该采取相应的听力保护措施。

总结

在本章中，我们研究了主动听音的问题，以及它在录音项目制作和日常生活中的重要性。通过对技术性听觉训练进行定义，还明确了通过对本书和软件训练模块的学习所要达到的一些目标，并在本章的最后介绍了主要的听音重放系统及听力保护相关的原则。接下来将学习的重点转移到更为专业的领域，集中进行有关均衡方面的学习。

第 **2** 章

音色的平衡与均衡

　　音色平衡是指音频信号中所出现各频率的相对能量，也被称为频谱平衡，其主要内容包括感知到的音频信号的音色。对于音频工程师而言（无论是录音工程师或音箱设计师），无论是处理单一乐器的声音和人声，还是处理多轨分层文件甚至是整个混音文件，音色平衡都是至关重要的。音频整体音色平衡可以使混音听起来饱满或单薄、均匀或不均匀、温暖或刺耳、低沉或明亮、清晰或浑浊。混音中各个乐器本身的音色平衡会影响整体乐曲的平衡。换句话说，音色平衡是优质音频作品的关键。同样，许多设计工程师努力追求的目标就是使音箱和耳机发出频响平直的声音。一些高端音箱、耳机和汽车音响系统的制造商仍然通过耳朵听音来最终调整其音频系统，以达到最佳的音色平衡。

　　具备良好的听力和控制音色平衡的能力是成为优秀音频工程师的重要条件。值得庆幸的是，可以通过集中听力注意力和进行听音练习来培养这些必要的听评能力。在这个过程中不存在捷径。只要持续地努力练习，付出就会有回报。在理想情况下，可以听到所使用的设备是否或如何改变了音频的音色平衡 / 频谱成分。如果知晓每个设备或插件正在添加或删除什么，就可以充分利用这些工具。对工具越熟悉，就越能在音频项目中为达到特定目标正确地使用这些工具。在音箱和耳机的开发过程中，如果进行听力测试的团队能够以赫兹为单位讨论特定频率的音色平衡，那么整个开发过程就可以进展得很快。本章将讨论如何使用耳朵分析音色平衡及如何将音色感知与可控音频参量联系起来。

2.1　音色平衡的描述

应该如何描述一个混音作品、一首单曲或音箱的音色平衡？如果高频能量占主导地位，声音可能是"明亮的"；如果低频能量占主导地位，声音可能是"嗡嗡的"。问题是这样的描述并不准确，而且人与人之间的描述语言通常不一致。此外，这些描述与效果处理器参量并无关联。

在消费级音响系统中，人们用基本音调控制来控制高音和低音，但音频工程师需要更多的选择来控制音色平衡。大多数人会自然而然地选择参数均衡器，但图示均衡器也非常有效。历史上，电话公司设计了均衡器来校正电话传输线上不均匀的频率响应。他们的目标是使频率响应变得更加平直，使所有频率都具有相等的能量，这就是术语"均衡"的含义和来历。

因为均衡器是改变声音频谱平衡的主要工具，工程师们经常使用如下的均衡器参量来描述音色平衡。

- 以赫兹为单位的频率
- Q 值（或者，反过来，以赫兹为单位的带宽）
- 提升或减少的分贝量

2.2　均衡的作用

全参量均衡器是一种非常强大的工具。事实上，我认为如果参数均衡器具有完全相互独立且能扫频的频点控制，那么它对于音频工程师而言是最有价值的设备。只是均衡器操作的便捷性掩盖了它的强大功能。

如何充分认识到均衡器的强大功能？均衡器没有唯一正确的使用方法。每种情况都很独特，同时也有很多因素影响着我们对均衡器的使用，比如，单个乐器的声音 / 人声或声源特征、混音、录音环境、音乐家的表演、所使用的传声器。只有在我们听出声音的问题所在之后，才能通过用均衡器来采取适当的方式纠正问题。这就是技术性听觉训练为什么如此重要的原因——这样就可以快速发现问题并及时纠正。

如果想用均衡器来纠正音色平衡方面的问题，那么该如何识别这些问题呢？

在录音或混音中力求音色平衡有什么意义吗？音色平衡与频率响应有所不同。前者表示声音信号的特征，后者则与设备有关。许多制造商对他们生产的设备进行了数据测量并公布了相关的频率响应特性。除非设备具有平坦的频率响应，否则它会以某种恒定方式将自己的"均衡曲线"作用在声音信号上。并且，音乐信号的频谱成分将根据其和声、旋律、瞬态及无音调声音而发生变化。白噪声等测试表明声音信号的能量会均匀地分布在频谱中。如果一个音乐信号的频率范围被恰如其分地表达出来，我们可以说这个音乐信号的音色平衡是平直的，但"恰如其分"在这里是什么意思呢？这是否意味着录制后的声音应该与其原始声学版本一致？这有可能吗？最终的录制效果是否可以令人满意呢？

古典音乐的录音工程师经常尝试在他们的录音作品中还原现场音乐会般的体验感。而在其他音乐类型中，工程师创作的缩混音乐作品与现场的演出体验无关。在流行音乐或摇滚音乐会上，一对观众环境传声器可以拾取观众席中相应的声波，但我认为这种观众环境立体声传声器不如用近距离传声器拾取的录音更动人，典型的例子是网上那些用手机录制的音乐会视频。除了有些信号过载情况外，这种视频声音的主要缺点是在观众群中出现了过多的反射声和混响声。由于反射声的影响，音乐会听起来就像是音乐声被消减且有声能量无法聚焦的感觉。即使在声学上讲得通，但仅凭在观众席中架设传声器并不能对一场使用了现场扩声的音乐会进行"恰如其分"的录音。

专业工程师会调整均衡和频谱平衡，使其处于最适合当前的工作状态。例如，爵士乐中底鼓可能与重金属音乐中的底鼓具有不同的频谱平衡。经验丰富的录音工程师可以理解并能够辨别这两种声音之间的具体音质差异。良好的听音能力有助于工程师确定一段给定录音的均衡或频谱平衡情况。在录制项目时，应熟悉现有类似音乐、电影或游戏音频的录音，还应充分了解每个项目的主要目标。

2.3　混音用到的人工实时频谱分析仪（RTA）

实时频谱分析仪（RTA）可以显示音频信号的频率成分和平衡状况（见图 2.1）。虽然使用实时频谱分析仪来确定均衡设置对于具有创造性的音频工作来说有一定诱惑力，但其效果通常不如我们的耳朵有效。与主观感知印象相反，频谱测量可使音频信号可视化并且可量化。实时频谱分析仪通常使用快速傅里叶变换（FFT）等数学运算对每个频段的能量进行测量。快速傅里叶变换提供了信号的"频域"

表示，并非信号的"时域"表示。数字音频工作站（DAW）将声轨显示为时域波形，而许多数字音频工作站的均衡器插件提供的是实时频域显示（见图2.1）。实时频谱分析仪以某个预先确定的时间间隔不断地显示信号的频谱内容快照，比如以1024、2048或4096个采样点为时间间隔。1kHz正弦信号的时域和频域如图2.2所示。

因为经验丰富的音频专业人士在识别和描绘音色平衡时可以达到较高水平的准确度，并且他们还可以针对频谱特性对声音进行纠正，所以，这些专业人士被称为"人工频谱分析仪"。工程师需要监听每一只传声器信号的频谱平衡，以及录音制作过程中每一阶段多个传声器组合信号的频谱平衡。

他们很少依赖实时频谱分析仪的功率频谱测量来进行缩混方面的决策。相反，他们更倾向于使用自己的耳朵。他们交替使用不同的监听系统及他们所熟悉的参考声轨来提高录音和缩混过程的客观性。实时频谱分析仪的频谱测量对于具有创造性的音频录音工作来说，可能起不到什么作用，原因有如下3点。

（1）音乐信号在频率和幅值上的波动使我们很难准确或精细地读取及解析频谱显示内容。

（2）频谱快照提供了一种静态视图用于分析，但由于这些视图仅仅是快照，它们所代表的时间范围太窄，因此作用不大。

（3）另一个极端是，如果我们对几分钟之内的频谱求平均值，波动变化就会减慢，有问题的部分就会被掩盖或抵消。

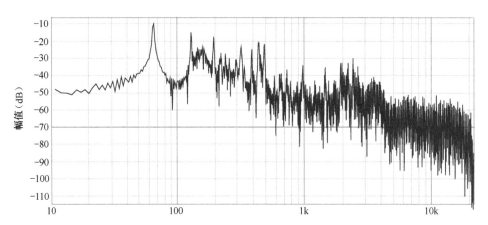

图2.1　某混音作品在某一时刻的频率成分，其最低峰值大约在65Hz，相当于低音C，而随后的各个峰值则出现在其谐频位置上

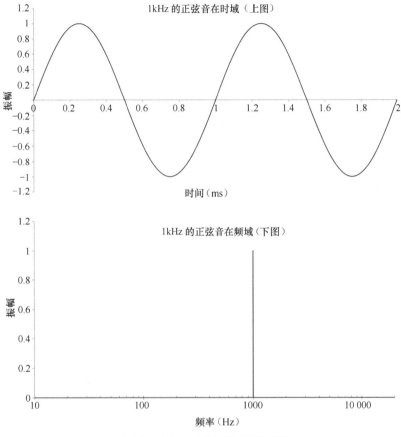

图2.2　1kHz正弦信号的时域和频域

在图 2.2 中，时域（上图）和频域（下图）表示 1kHz 的正弦音。由于上述视图显示方面的问题，以实时频谱分析仪上的数据作为均衡决策的参考是不可靠的。无法在不断波动的频谱显示上辨认听觉上明显的均衡变化。我们也无法用肉眼看出更加细微的均衡变化。除此之外，我们并不知道频谱图"应该"是什么样的，原因是我们刚刚制作的录音没有任何客观的参考依据。

时间分辨率和频率分辨率之间的权衡使事情变得更加复杂。如果更加频繁地更新其频谱显示（增加时间分辨率），频率分辨率就会降低（在不同频率上能看到的细节将会更少）。如果我们提高了频率分辨率，实时频谱分析仪就会因为时间分辨率的降低而无法辨识那些瞬变信号。因此，物理测量在很大程度上不适用于均衡方面的决策，这时必须依靠自己的耳朵了。

同时，在调整现场音乐表演使用的音响系统时，现场扩声工程师通常会使用实时频谱分析仪。区别是，这些现场音响工程师通常采用粉红噪声或已有录音作为调试音源，并利用实时频谱分析仪对原始音频信号的频谱（它是一个已知且客观的标准）与音箱的输出频谱进行比较。在此种条件下的目标与之前谈到的录音与混音有些不同，因为现场音响工程师通过调整音响系统的频率响应来使参考输入基准信号与系统输出频谱平衡尽可能地相似。

2.4 对音色平衡进行塑形

除均衡器外，还可以通过控制传声器的选择和摆放位置等来控制频谱平衡。影响频谱平衡选择的因素也包括一些间接因素，如监听系统（耳机和音箱）和听音所处的声学环境。本章将会讨论直接和间接改变频谱平衡的一些方法。

2.4.1 影响频谱平衡的间接因素

在开始进行录音、缩混、母带处理或其他处理工作之前，工程师需要了解影响工作的一些间接因素。工程师总是认为只要使用正确的插件就可以解决所有声音处理方面的问题，所以这些间接影响频谱平衡的因素容易被忽略。录制的音频信号和大脑的听觉处理中心之间没有什么直接的关联（至少到目前为止还未发现），因此需要注意，音频信号在录音设备和大脑之间这一传输路径进行传输的过程中会发生一些改变。

在录音控制室工作环境中，影响感知音频信号频谱平衡的因素主要有如下3 种。

- 录音室监听设备 / 音箱和耳机
- 室内声学条件
- 声级

我将这些因素称为间接因素，原因是尽管它们可以在很大程度上改变录音作品的音色平衡，但工程师无法像针对音轨使用均衡器那样直接地调节这些因素特征。在具有一定声学特性的录音室里工作时，这个录音室的声学特征会一直保持恒定不变，除非工程师改变了录音室的声学装修或购买了一套新的监听音箱或者耳机。如果监听系统不准确——音箱会与室内声学特征共同作用，我们就无法确认在所使用的均衡器和其他处理器方面的选择是否有效。

由电能到声能转换的音频信号通路如图 2.3 所示，重点突出了影响频谱平衡的这 3 个主要因素。

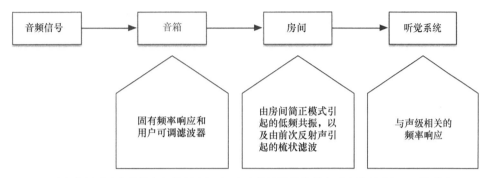

图2.3　以电信号形式传输的音频信号（Audio）在传输到将其转变成声信号（Sound）的音箱时所经过的信号传输通路，听音室声学环境会对信号产生影响，信号最终被人耳接收并被听觉系统处理。整个传输通路的每一环节都着重指出了影响信号频谱平衡的因素——既有物理因素（音箱和房间本身），也有感知因素（听觉系统）

2.4.2　监听器和音箱

监听器和音箱就像窗户，工程师透过它们来感知声音，并以此对所录音频信号作出处理决策。监听器虽然不会对录音中的频谱平衡产生直接影响，但却会产生间接的影响，因为对均衡器处理的选择取决于我们从监听器中听到的内容。每一种类型和型号的监听器和音箱都有其独特的频率响应。当工程师依赖监听器判断录音中的频谱平衡时，监听器的选择就会影响工程师的判断。如果使用低频响应较弱的音箱进行监听，工程师可能会提升录制音频信号中的低频成分。

提高缩混过程客观性的一种常见方法就是使用第 2 组或第 3 组音箱和耳机对录音进行试听测试。经验丰富的工程师会在不同音箱和耳机上检查他们的混音效果，以便获得更准确的频谱平衡。不同型号的音箱重放的声音会给人略微不同的感觉，通过在大量不同型号的音箱设备间进行监听对比，就可以发现最佳的折中方案。即使是非常便宜的音箱也可与另一组主音箱进行监听对比，这样工程师就可以通过普通听众所拥有的家用音箱听到录音成果，从而根据从这些音箱中听到的内容进行合适的缩混决策。工程师在每个监听系统上都能得到一些不同的音质和缩混平衡效果。一组音箱可能会带来混响太强的听感，而另一组音箱重放的声音可能会让人感觉低频不足。人们可以寻求一种折中方案，以便最终缩混作品在通过其他多个音频系统重放时也同样可以让人获得不错的听觉感受。工程师通常所说的某一缩混作品"演绎"得好，就是指该缩混作品在各种类型和尺寸的音箱上重放的一致性较好。优质录音作品的标志之一就是，不管是在微型音响系统还是大型音响系统上重放，该录音作品都可以具有不错的效果。

除了音箱固有的频率响应之外，几乎所有的有源音箱都内置了可由用户调整的滤波器，比如高频和低频搁架式滤波器。这些滤波器可以补偿在将监听器箱置于墙壁附近时低频叠加的问题。因此，针对频谱平衡所进行的任何决策，都会受到音箱固有频率响应及用户设定的任何滤波设置叠加作用的制约。

实时频谱分析仪和频率响应测量工具可为室内音箱的频率响应提供一些指示性参考。但需要铭记在心的一点是，除非频率响应是在消声室内测量的，否则所测量到的频率响应应该是包含了音箱本身及房间共振和反射在内的频率响应。一些型号的音箱提供了对其频率响应进行控制的功能，从提供有限的控制单元（如高频和低频的微调）到提供的多频段参数均衡器，均可以对音箱本身进行频率响应调整。除了用于微调外，利用参数均衡器解决音箱室内频率响应问题并非一直有效。均衡器无法校正在房间内由于简正模式和反射引起的频率响应异常问题。这些声学条件产生的原因是，两种或两种以上的声波会在不同的时间到达人耳，这些声波相互抵消或者相互叠加。简正模式或梳状滤波效应产生的频率响应缺口无法通过均衡器恢复到平坦状态。因为相消干涉消除了这些频点的能量，所以在频率缺口上几乎没有什么能量可以被提升。均衡处理的基础是需要在给定频率上存在能量的，它可以通过调整这些能量来放大该给定频率。如果声音信号都不存在，那就没有什么能量可以被放大了。

均衡器无法纠正室内频率响应问题的另一个原因是房间中的每个频点都有不同的频率响应。如果工程师纠正了某一位置的频率响应，则其附近另一位置的频率响应可能会被影响甚至变得更糟。正如将要在第 3 章讨论的那样，室内的频率共振在有些位置上会较强，而在其他一些位置上则较弱。

更为复杂的是，相同的频率响应曲线可能会有不同的时间响应。因此，即使我们对频率响应异常进行了校正，时间响应上的差异仍然可能存在。数字音频工作站混音通道在单位增益下未经处理的频率响应和脉冲响应如图 2.4 所示。脉冲响应显示了一个完美的脉冲，在时间上尽可能短，但幅值最大。这个时域信号对应的频域结果就是图 2.4 中平坦的频率响应曲线，这是理想脉冲所能产生的频率响应。

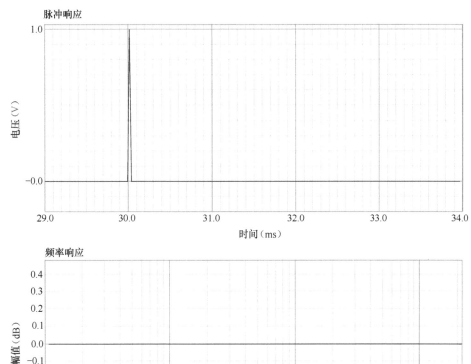

图2.4　一个理想脉冲（上图为时域）包含所有同等电平的频率（下图为频域）

在图 2.4 中此脉冲有 30ms 的延时，这表示音频接口和软件输入输出缓存上的数字输出输入环路时间，即使这个脉冲并不完美，我们仍然可以得到精确而平坦的频率响应（见图 2.5）。全通滤波器可以很好地说明"改变时间响应仍能维持平坦的频率响应"。简单而言，全通滤波器可以使所有频率平等地通过，但对不同频率的相位进行不同的改变。全通滤波器有时也被称为相位旋转器，它可以用来降低峰值瞬态的信号电平，原因是它会随着时间的推移而让频点上的能量变得模糊。我们可能听不出单一全通滤波器对音频作品的影响。另一方面，参数化数字混响算法（与卷积混响相比）经常使用全通滤波器组来模拟室内声音的自然衰减（具体将在第 3 章中进行讨论）。在参数化数字混响算法中，全通滤波器的参数被设置成可产生明显的效果。

全通滤波器的脉冲响应和产生的频率响应如图 2.5 所示。在这个例子中，使用的是数字音频工作站 REAPER 的 ReaEQ 全通滤波器。注意，该滤波器的频率响应是完全平坦的（与图 2.4 所示的相同），但是时间响应不同。

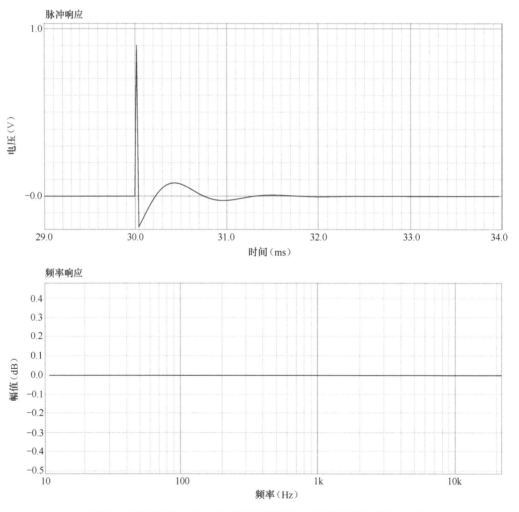

图2.5　全通滤波器（在本例中为REAPER的ReaEQ滤波器）的脉冲响应
（上图为时域）和产生的频率响应（下图为频域）

当将一个信号与其自身的全通滤波版本信号混合在一起时，事情会变得更有趣一些。在 REAPER 中，你可以设置全通滤波器的混入比例为 50%。一个信号与其自身的全通滤波版本信号混合在一起时的结果如图 2.6 所示。对于在这个特定情况下的测量，我将中心频率（F_c）设置为 1kHz。从图 2.6 中可以看出，在 1kHz 处有一个很深的缺口。产生这个缺口的原因是经过全通滤波的信号存在相移。对低于 1kHz 的频率成分，随着频率升高，相移逐渐增大，且在 1kHz 处达到相移最大值 180°；对高于 1kHz 的频率成分，随着频率升高，相移逐渐减小。当原始信号中相移为 0° 的 1kHz 频率成分与经过全通滤波的信号中相移为 180° 的 1kHz 频率成分相混合时，所得结果是两者在这个频率上完全抵消。远离中心频率后，随着信号频率进一步远离 1kHz 频率且相移逐渐接近 0°，频率抵消逐渐减少。

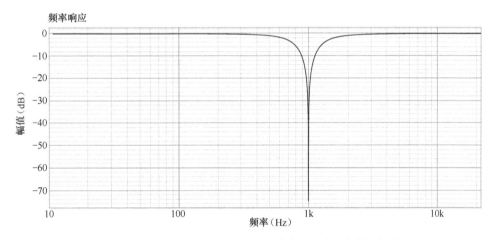

图2.6　一个信号与其本身经过全通滤波的信号混合起来的频率响应

　　另一个体现全通滤波器效果的例子来自音箱的分频器。分频就是在低音单元加上低通滤波器所得声音信号和在高音单元上加上高通滤波器所得声音信号，在声学上结合在一起产生平坦的频率响应。根据滤波器阶数和类型，低通滤波器的声音信号在分频频点处的相移可能为 −90°，而高通滤波器的声音信号在分频频点处的相移可能为 +90°。在分频频率上，两个滤波器声音信号之间的相位差为 180°，即 90° −(−90°)=180°。关于全通滤波器效果的其他例子就是相位器效应，它使用了多个全通滤波器并对各个全通滤波器的频率进行了调制。

2.4.3 控制室和听音室的声学条件

控制室的三维尺寸、容积和表面处理也会直接影响工程师监听声音。国际专业协会和标准制定机构组织，例如 ITU（国际电信联盟），就发表过有关听音室声学及其特征的建议书。其中 ITU-R BS.1116（ITU-R，1997）建议书定义了一些用于听音室的物理参量和声学参量，使听力测试在某种程度上可以在不同的房间之间进行比较。有些人可能认为一个没有简正模式和反射声的消音室是理想的听音场所，因为这个房间在声学上基本上是"看不见的"。但是一个无反射声的房间无法代表典型房间的声学条件。

源自音箱的声音辐射到房间中，再经过物体和墙壁的反射之后与直接辐射向听音人的声音进行混合。虽然声音的辐射主要来自音箱，特别是高频部分，但是大部分的音箱的指向性会随着频率的降低向无指向性方向进行过渡。来自音箱的背面和侧面的大部分低频声音又会被音箱附近的墙壁反射回听音人位置。事实证明，厚重的墙体，如混凝土或多层石膏板，反射低频成分的效果比单层石膏板更好。

不论聆听重放声音的房间环境如何，听音人所听到的不仅仅是音箱本身发出的声音，而且还包括房间内的反射声等各种声音。音箱和听音环境的作用相当于滤波器，它们会改变听音人所听到的声音。房间的简正模式是由房间的尺寸决定的，并且它会影响房间中音箱重放声音的频谱平衡。房间的简正模式是低频范围上产生较大问题的根源，特别是 300Hz 以下的频率范围。在一个维度上产生的基本共振频率（轴向简正模式）对应的波长是平行墙壁间距的两倍。向外张开或呈一定角度的墙壁并不会减少房间的简正模式；相反，这时共振频率对应的波长是由相对墙壁间平均距离决定的。

由于房间共振的幅度会随位置的改变而变化，所以对于工程师而言很重要的一点就是要在房间各处走走，并在房间的不同位置听一下声音的特征。房间中的听音位置可能是某一特定频率的驻波节点。驻波节点是房间中在某个给定频率上出现相消的点，不同频率的驻波节点会出现在房间中的不同位置。如果没有意识到混音室中的驻波节点，工程师可能会用均衡器来提升某一个丢失的频率成分，只有在房间不同位置听音时，他们才会意识到那一频率成分被提升得太多了。

　　为了从新的角度来感受混音作品，许多工程师会花一些时间到隔壁开着门的房间去听评这个作品。这时可能会听到一些直接在监听器前听音时不明显的平衡问题。虽然工程师可能不会在远距离听音时进行关于缩混细节方面的决策，但远距离听音对于主唱、主奏乐器尤其是低音声部等发出的声音在信号电平和音色平衡方面的决策很有帮助。这种间接感知音色平衡方面是否发生变化的方法也是一种非常有用的方式。

2.4.4　声压级和音色平衡

　　工程师对音色平衡的感知也依赖于听音时的声级，也就是说，取决于听到的声音有多大。1933 年，弗莱彻和芒森（Fletcher and Munson）发表了他们关于人类在音频范围内不同听音声级下感知声音响度的研究结果。这些等响曲线表明，人类听觉系统的频率响应变化较大，且感知反应随声音响度的变化而变化。一般情况下，人们对频谱上的高频和低频（的感知）不太敏感，但对中频（约 1000 ～ 4000Hz）非常敏感。当把音量调大时，人们对低频和高频原有的感知不敏感的情况就会发生变化。这时，相比中频，人们的耳朵会对高频和低频（的感知）更敏感一些。

　　这点对录音和混音来说有什么实际意义呢？如果监听是在高声压级下进行的，比如平均声压级（SPL）为 100dB 左右，然后把声压级调低很多，比如调到 60dB，这时，低音频率在混音中就不那么突出了。缩混工程师经常在不同的监听声级下检查他们的混音作品，以便找到音色平衡的最佳折中方案。此外，即使是非常小的声级差异，甚至只有 1dB，也可以在混音作品的音质属性上产生明显的差异。由于音乐没有听音声级标准，所以无从得知听众会以多大的音量来听混音作品。用于院线放映的电影声轨都是在经过校准的监听系统上混音的，这些监听系统都被校准到某一明确的还音声压级上。对于音乐而言，将混音与已发行的商业录音进行比较有助于判断不同声压级下的音色平衡问题。

2.4.5　均衡

　　可以使用均衡器来减少那些特别强的共振频率，并强调或突出某种乐器或混音的声音特性。如果某些特别强的共振频率掩盖了录音中的其他频率成分，并且掩盖了乐器最真实的声音，那么就应该去掉这些共振频率。不论是利用音箱系统的矫正还是对缩混作品进行调整，均衡器的使用存在着明显的艺术成分，工程师必须借助自己所听到的内容来决定均衡的应用。均衡频率、增益和 Q 值的准确选择是均衡成功的关键，而耳朵是确定均衡设定是否合适的最终评判。

有不同种类的均衡器和滤波器，比如高通滤波器、低通滤波器、带通滤波器、图示均衡器和参量均衡器，都可以对频谱平衡进行不同程度的控制。滤波器是可以将所定义的截止频率之上或之下的频率范围或频段去除的设备；而均衡器则具备对所选择的频率进行不同量的提升和衰减的能力。下一节将简要介绍在塑造音色平衡时可以使用的最常见的滤波器和均衡器类型。

2.4.6　滤波器：低通和高通

高通滤波器和低通滤波器可去除所定义的截止频率之上或之下的频率成分。通常它们只有一个可调节参量，即截止频率。不过，有些型号的滤波器还能控制滤波器的斜率，即可以控制截止频率之外频率成分的衰减速率。低通滤波器和高通滤波器的频率响应曲线分别如图 2.7 和图 2.8 所示。在实践中，高通滤波器的使用概率通常要比低通滤波器的使用概率大一些。高通滤波器可以去除信号中的低频隆隆声，同时工程师要确保截止频率低于音乐信号的最低频率。

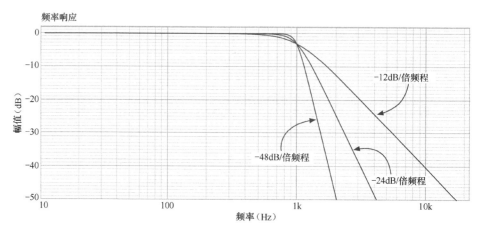

图2.7　将截止频率设定为1kHz的低通滤波器在3个不同斜率上的频率响应

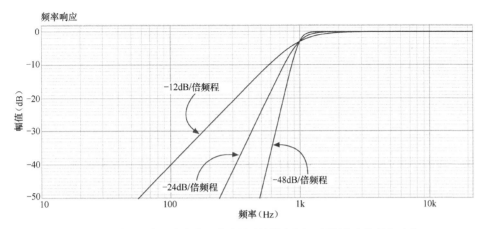

图2.8　将截止频率设定为1kHz的高通滤波器在3个不同斜率上的频率响应

2.4.7　图示均衡器

图示均衡器只能对给定频率进行一定量的提升或衰减，通常这是通过仪器上的纵向滑动条来实现的。可以调整的频率通常是根据国际标准化组织（ISO）规定的中心频率来划分的，比如按倍频程频率可划分为 31.5Hz、63Hz、125Hz、250Hz、500Hz、1000Hz、2000Hz、4000Hz、8000Hz 和 16 000Hz。有一些图示均衡器具有更多的频带，如 1/3 倍频程或 1/12 倍频程。图示均衡器的设计师通常会预先设定好 Q 值，这样使用者就无法对其进行调整了。一些型号的图示均衡器具有成比例的 Q 值，即微小的给定频率的提升 / 衰减对应小 Q 值，大幅度的给定频率的提升 / 衰减对应大 Q 值。顾名思义，图示均衡器的名字是由于其垂直滑动推子连线形成了由左边的低频到右边的高频的均衡曲线形状而得的。

优点：

- 用一台设备或插件就可以同时调整多个频率或波段。例如，一台倍频程均衡器可以有 10 个可调频率点（32 ~ 16 000Hz）。

缺点：

- 只能在预先选定的频率上进行调整。
- Q 值通常是不可调的。

2.4.8　参数均衡器

参数均衡器一词源于乔治·马森伯格（George Massenburg）于 1972 年在

国际音频工程学会（Audio Engineering Society，AES）年会发表的论文。参数均衡器允许在每个频率或波段对 3 个参量进行完全独立的扫描式控制。这 3 个参量分别是：中心频率（F_c）、Q 值及对该频率成分的提升或衰减量。Q 值与提升或衰减的带宽成反比，具体的定义如下。

$$Q=F_c / 带宽$$

带宽是两个频率之间的差值，即较高的频率减去较低的频率：f_2-f_1。事实证明，有很多种不同的方法可以用来确定这些频率到底是什么，因此也存在关于 Q 值的不同定义。在经典定义中，F_c 是中心频率，f_1 和 f_2 这两个频率分别代表中心频率最大提升之下 3dB 点或者中心频率最大衰减之上 3dB 点所对应的频率。使用经典的带宽定义时，在 Q 值为 2.0 且中心频率为 1000Hz 处提升 15dB 时的参数均衡器频率响应如图 2.9 所示。

数字信号处理工程师罗伯特·布里斯托-约翰逊（Robert Bristow-Johnson，1994）提出关于 Q 值的另一个定义是：f_1 和 f_2 这两个频率是指在任意增益电平所对应的频率响应中，增益中点所对应的频率（见图 2.10）。

假设在图 2.9 和图 2.10 中具有相同的均衡器设置（1kHz，+15dB，Q=2.0），从这两个均衡器可以得到不同的频率响应，因为对带宽的定义不同。

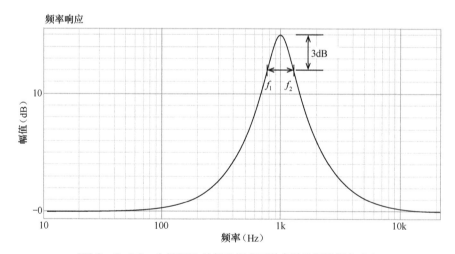

图2.9　Q=2.0，在1000Hz处提升15dB时的参数均衡器频率响应

在这种情况下，假设带宽为 500Hz，Q 值为 2.0（F_c/bw=1000/500），且带宽采用了经典定义，即从峰值处降低 −3dB（于 1000Hz 处），因此 f_1=781Hz，f_2=1281Hz。

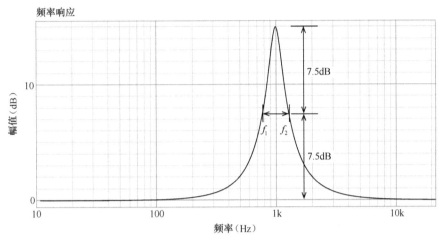

图 2.10　Q=2.0（F_c/bw=1000/500），在 1000Hz 处提升 15dB 时的参数均衡器频率响应

在图 2.10 中，设带宽为 500Hz，则 f_1=781Hz，f_2=1281Hz，但由于带宽定义为增益值的中值，即使 Q 值相同，频响曲线也比图 2.9 的频响曲线窄。均衡器也可以具有对称或不对称的提升和衰减频响曲线。对称提升和衰减叠放在同一个坐标轴上的效果如图 2.11 所示。如果直接把这两种曲线叠加在一起，或者让音频先经过提升曲线的处理、再经过衰减曲线的处理，那么频谱平衡不会发生变化。换句话说，可以在相同的中心频率下，以相同幅度的衰减来抵消一次提升。

不对称提升和衰减叠放在一个坐标上的效果如图 2.12 所示。注意，在不对称均衡器中，提升和衰减的带宽定义是不同的。如图 2.12 所示，因为衰减（或缺口）在中心频率上是狭窄且有深度的，测量带宽时一般测量在 0dB 以下两个 −3dB 点之间的带宽。在这类均衡器上，如果以相同的中心频率和 Q 值对提升曲线和衰减曲线求和，不会得到一个平坦的频率响应。换句话说，不能通过衰减来抵消提升，反之亦然，但可以通过对称的提升 / 衰减均衡器进行抵消操作。图 2.13 显示了不对称提升和衰减进行求和的结果。

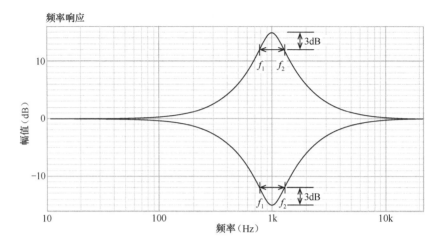

图2.11 对称提升/衰减参数均衡器在1kHz处分别提升/衰减15dB时的频率响应，并将这两种频率
响应叠放在同一坐标上。将带宽定义为：比最大值（对于提升曲线而言）低3dB的两个
点之间的宽度，或比最小值（对于衰减曲线而言）高3dB的两个点之间的宽度

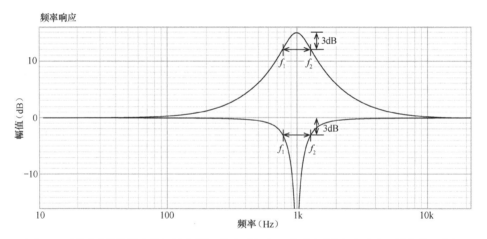

图2.12 不对称参数均衡器在1kHz处分别提升/衰减15dB且Q=2.0时的频率响应，并将此两种频
率响应叠放在同一坐标上。带宽为500Hz，f_1=781Hz，f_2=1281Hz。带宽被定义为：比峰
值（在提升曲线中）低3dB的两点之间的带宽，或0dB（在衰减曲线中）之下两个–3dB
点之间的带宽

在均衡器的设计中，可以发现许多模拟均衡器和数字均衡器的选项和限制。
一些均衡器，通常是模拟均衡器或对模拟均衡器的数字仿真，可以步进式地选择中心频率。在上述这些均衡器中，只能选择制造商预先设定的那些频率进行操作，不能以连续可变或扫频方式进行频率选择。一些均衡器无法单独控制 Q 值。许多模拟均衡器的设计限制了每个频段的可控频率范围，大概是因为其受到了模拟电子元件本身的限制。例如，某个三段均衡器的低频范围是 20 ~ 800Hz，中频范围是 120 ~ 8000Hz，高频范围是 400 ~ 20 000Hz。

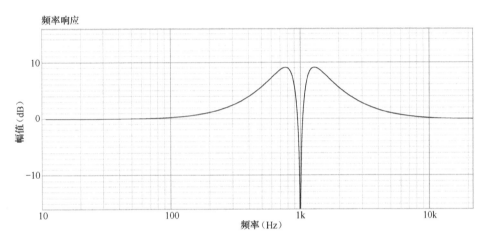

图2.13　对同一声轨进行不对称频率成分的提升/衰减。如果对同一声轨进行不对称频率成分的提升/衰减——换句话说，如果对于给定的中心频率（图2.13中的 F_c=1kHz）进行不对称频率成分的提升/衰减并求和，正如在坐标中看到的一样，此频率响应并不平坦。实际结果是，不能在相同频率下以相同的衰减量抵消一个提升量，因为提升曲线和衰减曲线是不对称的

相比之下，基础型数字参数均衡器（例如，与数字音频工作站捆绑的那些均衡器）对中心频率、Q 值和增益都能进行扫描式且完全独立的控制。任何带有独立控制且能完全进行扫频的参数均衡器都能产生与不带独立 Q 值和频率选择的均衡器完全一样的频率响应曲线，反之却不成立。为什么不选择一个具有最多控制功能的均衡器呢？如果试图抵消一个 240Hz 的共振点，而所用均衡器被限制在 200Hz 和 280Hz 的中心频率上，且无法独立控制 Q 值，这时均衡器就不能工作了。一旦确定了共振频率，则需要精确地在这个频率点上对此频率进行衰减处理，以便最有效地利用均衡器，同时不影响周围频率的能量。

尽管频率和衰减 / 提升是标准单位（分别为 Hz 和 dB），但是不同型号均衡器的带宽定义存在差异，超出了上述提到的两种带宽定义的范畴（经典定义和 Bristow-Johnson 定义）。由此带来的缺点是设置相同的两种均衡器可能

会产生不同的频率响应曲线。即使两个均衡器的 Q 值相同，一个均衡器测得的带宽也可能比另一个均衡器测得的带宽更宽。由于均衡器采用不同的带宽定义，所以不可能将一个插件上的参量设置直接复制到另一个插件上去获得相同的声音效果。造成这种差异的一部分原因是不同均衡器采用了不同的带宽定义（−3dB 点和增益中点），但另一个区别是，一些均衡器的 Q 值随增益发生成比例的变化。问题是，除非进行专门的测量，否则无法知道 Q 值和增益之间的比例。此外，在工程师训练自己去听某一 Q 值带宽定义时，我们期望用每个均衡器都能听到这些细节特征。幸运的是，中心频率和增益对于每个均衡器来说标准都是相同的。在实践中，最好通过人耳对 Q 值进行调整，不能仅仅依赖屏幕上显示出来的数值。

2.4.9　搁架式滤波器

搁架式滤波器有时会与低通滤波器和高通滤波器相混淆。搁架式滤波器可以在一定范围内对各个频率成分进行等量处理。高、低通滤波器只能去除某一频段，而搁架式滤波器可以对一定范围内的频率成分进行不同程度的提升或衰减。高频搁架式滤波器对截止频率之上的所有频率实施定量的提升或衰减；低频搁架式滤波器对截止频率之下的所有频率实施定量的提升或衰减。在录音棚中的设备及插件中，搁架式滤波器常常是作为参量均衡器在最低和最高频率段上的可切换选项。有些型号的均衡器除了提供搁架式滤波器的功能外，还提供了高通滤波和低通滤波功能。消费级别音频系统上的高频和低频控件采用的是搁架式滤波器。衰减高频的搁架式滤波器和低通滤波器的频率响应之间的比较如图 2.14 所示。

2.4.10　传声器的选择与摆放

传声器为工程师们提供了另一种重要的方式来改变声学声音的音色平衡，因为每个传声器的品牌和型号都有独特的轴上和离轴频率响应。传声器就像照相机的镜头和滤镜。它们不仅影响整体的频率成分，还影响所拾取声音的透视关系和清晰度。一些型号的传声器提供了平直轴上（0°）频率响应曲线，而另一些型号传声器的频率响应曲线具有明显的峰值和低谷。工程师经常选择传声器来补偿他们录制的声源问题。针对人声，可以选择在 2kHz ~ 4kHz 频率比较突出的传声器，或者针对底鼓，可以选择在 300Hz 处有衰减的话筒。古典音乐的录音工程师通常只依靠传声器的选择和摆放位置来实现频谱平衡，而不使用任何均衡器进行特别处理。

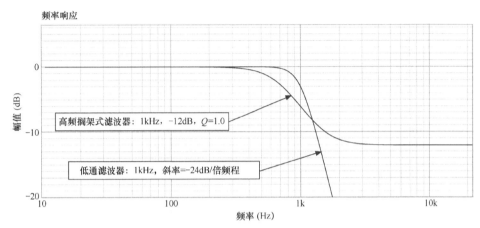

图2.14　高频搁架式滤波器和低通滤波器的频率响应对比

虽然前文说过均衡器可能是工程师工具箱中最强大的工具，但是均衡器并不能解决所有问题。一些音色平衡和混响问题只能通过正确选择传声器和调整它的摆放位置来解决。如果通过优化传声器的摆放位置来获得完美的军鼓声，那么传入军鼓传声器中的踩镲声可能就变得太刺耳了。如果把传声器放在离声源太远的地方，就无法用均衡器把它调节成听起来更靠近的样子。我们对传声器信号采取的任何均衡处理都将影响传声器采集到的所有声音，包括轴上声音和离轴声音、直达声和非直达声。工程师需要在录制之前识别出这些音质问题，并尝试通过调整传声器的摆放位置来解决这些问题。技术性听觉训练培养了工程师的听评能力，使其能够在项目的每个阶段尽可能快地判断声音的音质并采取适当的纠正措施。

在录音过程中，可以把传声器放在声源旁边，并聆听由此产生的音频信号效果。也可以通过比较不同的传声器来决定哪种传声器在特定情况下能带来最合适的音色特征。该如何决定哪些是最合适的传声器呢？一般来说，最好综合考虑一下演奏者使用的乐器或歌手的声音特征、录音场地的空间特性及最终混音的音色目标等。

传声器的实际朝向和摆放位置会影响音频信号的音色平衡，其原因如下。

- 传声器的离轴频率响应。
- 传声器的近讲效应。

- 声源的辐射模式。
- 录音场地的声学环境，以及传声器所在位置上直达声与反射声能量的相长与相消干涉。

离轴频率响应是录音的一个关键点，却很容易被忽略。通常到达传声器离轴的声音来源如下。

- 非直达声或反射声。
- 来自附近乐器或人声的直达声。

从不同角度进入传声器的声波，其频率响应也是不同的。即使是被认为离轴频率响应最平坦的全指向性传声器，其频率响应也会随声音入射角的变化而变化。因此，改变传声器的朝向就可以改变声源的频谱平衡。小振膜（1/4in 直径）的电容式传声器可以提供接近完美的全方位指向特征，因为传声器极头本身很小，不太可能与抵达极头的离轴声波发生干涉。

传声器制造商们会以直角坐标系（即频率响应 x 轴与幅值 y 轴的关系图格式）形式提供传声器的轴上频率响应，但他们很少用直角坐标系提供离轴频率响应。尽管如此，许多制造商仍然会用极坐标图提供不同频率上的测量结果。很难通过比较轴上（直角坐标图）频率响应和离轴（极坐标图）频率响应来确定某一给定角度下的频率响应。一些制造商在没有提供任何测量数据的情况下就宣称他们的传声器会产生最小的离轴染色效应。假设一个带有最小离轴染色效应的传声器有一个相对平坦的频率响应，或者对于离轴抵达的声波有一个平滑的（没有明显的峰值或峰谷）频率响应。

接下来研究一下在实际情况中关于离轴频率响应的一个例子。众所周知，录制军鼓的点话筒即使不是全指向性传声器，也会拾取整个架子鼓组中的其他声音元素，如踩镲的声音。这时，可以说踩镲声渗透或漏到了军鼓点话筒中。如果将传声器对准鼓皮，那么踩镲的音色在很大程度上取决于传声器的离轴频率响应。吊镲的一对立体声传声器及踩镲点传声器也将捕捉到踩镲的声音。如果将所有这些传声器信号混合使用，来自军鼓点话筒的踩镲声将与这些其他来源的踩镲声相混合。来自军鼓点话筒的踩镲声的任何明显的音色变化都会对整体的踩镲声产生影响。此外，任何应用于军鼓声音的效果处理也将会同样施加于这只传声器拾取的踩镲声。另外，因为这 3 个传声器到踩镲之间的距离不同，踩镲声到达这 3 个传声器的时间就会略有不同，所以，如果把这些信号的声像都移动到相同的位置，可能会出现梳状滤波问题。

　　在摆放话筒并审听话筒传回的声音时，要注意审听非直达声和邻近声源声音的音色质量。如果你不喜欢所听到的声音，试着移动或调整一下传声器的朝向，也可以尝试改变话筒的指向性，再多听一会儿。在混音阶段，要纠正非直达声的音色通常是很困难的，因此可以通过调整传声器的朝向和位置来直接获得想要的声音，从而节省时间和精力。技术性听觉训练在帮助工程师快速准确地确定音色异常方面起着重要的作用，它使工程师能够在录音早期过程中采取一些纠正措施。

　　传声器还会根据其与声源的接近程度来改变音色平衡。有指向的传声器——如心形、超心形和 8 字形传声器，在靠近声源（1m 或更近）时会放大低频成分，这种现象被称为近讲效应或低频提升效应。在录音过程中，如果歌手演唱时有所晃动，要注意一下其歌声在低频响应上的变化。当将传声器靠近底鼓进行拾音时，也可以利用这种影响所带来的积极效果提升低频频率。一些传声器，特别是那些专门应用于底鼓录音的传声器，会提供不同声源距离上的频率响应图。

　　因为声源的声辐射模式不同，所以话筒与乐器、人声或乐器放大器的相对位置关系会直接影响频谱平衡。声源在其周围水平面和垂直面上的音色平衡各不相同。例如，直接从小号号口发出的声音比小号侧面发出的声音包含更多的高频能量（假设这个小号正面没有反射面）。工程师可以通过改变传声器相对于乐器的位置来影响所录制的小号音色。与直接对准小号号口的传声器声音音色相比，在小号号口稍微高于或低于传声器时，会产生稍微暗一些的音色（也就是说，它包含的高频能量会更少）。关于乐器声辐射模式的更详细的技术信息，可以查阅尤尔根·迈耶（Jurgen Meyer）撰写的《声学和音乐表演》（*Acoustics and the Performance of Music*，第 5 版，2009）一书。

　　指向性传声器也能帮助工程师专注于一个声源，同时减弱其他声源音色。心形指向性传声器可能是最常用的定向传声器。但双指向性特征传声器或 8 字形传声器在许多情况下也非常有效，通常情况下，它们并未得到充分利用。为充分利用好双指向性特征传声器的优势，可以将其他声源置于与传声器的离轴 90° 的位置上，在这个角度上，话筒的灵敏度几乎为 0。当传声器衰减掉来自离轴 90° 的声音时，它录制出来的声音会更集中在 0° 或 180° 轴向夹角（也没有衰减）的声源。有策略地调整双指向性特征传声器和声源的夹角，有助于衰减拾音中的非直达声和相邻声源，以此拾取更纯净的声音，如图 2.15 所示。无论工程师使用参量均衡器的技术有多好，溢出或泄露等串音问题是均衡处理无法解决的，必须通过调整传声器摆放位置进行纠正。由此可见，技术性听觉训练是必不可少的，这样工程师就能及时发现问题并解决。

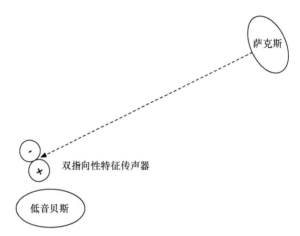

萨克斯

双指向性特征传声器

低音贝斯

图2.15　如果采用双指向性传声器在同一个房间录制低音贝斯和萨克斯，将萨克斯置于离轴90°的位置有助于降低萨克斯漏进贝斯传声器的声音

　　传声器是一种功能强大的音色塑形工具。如果工程师能够仔细审听传声器录回的声音并把它们的声音特性作为考虑因素，就能充分利用不同传声器的优势。传声器处于录音过程中音色塑形的第一阶段，但无论把它放在哪里，传声器都不会自动带来理想的声音。因此，工程师仍然需要在声源周围的不同位置用自己的耳朵仔细聆听，这样有助于工程师将传声器摆放在合适的放置上。而在一个声源周围听音以便寻找最合适的传声器位置时，最好将一只耳朵正面面对声源，将另一只耳朵用手捂住。一旦决定了传声器的位置，就可以根据话筒传回的声音来仔细调整传声器的摆位了。

2.5　准备开始技术性听觉练习

　　作为音频专业人士，针对单独声轨及完整的混音作品，具备敏锐的音色平衡感是至关重要的。精确使用均衡器有助于缩混的进行，并减少一个声音被另一个声音所遮盖的概率。思考所听到的声音对培养听评能力是非常重要的，而仔细倾听也具有同样的重要性。技术性听觉训练可以帮助读者成为专业级的听音人。

　　使用技术性听觉训练软件的练习和测试模块，即 "技术性听觉训练 - 参量均衡"模块，有助于提高读者对均衡处理识别的准确率和速度。通过使用该软件，你可以练习用耳朵来识别随机选择的均衡设置。用户界面的快照如图 2.16 所示，下面将描述一下这款软件的功能。

　　利用任何软件模块进行技术性听觉训练的关键一点就是要坚持每天进行有规律的短时间练习或者每周几次的练习。在训练早期阶段，每次的训练时间以10min ~ 15min 为宜，这样可以避免练习时间过长所带来的听觉疲劳。因为进行注意力高度集中的听音训练将耗费大量精力，而一次练习时间超过 1h 通常会适得其反，最终结果将令人沮丧。当逐渐适应了这种精力高度集中的听音练习时，你可能想增加每次练习的时间，但 45min ~ 60min 被认为是有效听音练习时间的上限值。每周几次有规律的短时间练习要比偶尔的长时间练习更有效果，而且效率更高。很显然，这样的练习需要持之以恒的毅力，尽管如此，依然要强调，每天拿出 5min 时间进行练习要远比每月集中进行一次 2h 的练习更有效率。

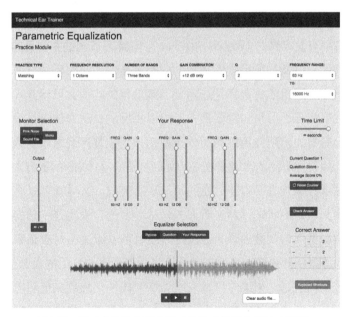

图2.16　针对参数均衡听音练习的技术性听音训练（TET）
实用练习模块软件用户界面的快照

2.5.1　练习的类型

首先从大标题下面，左上角的窗口选项开始介绍，此处给出了4种类型的练习模式可供用户选用（每次选择一种类型）：匹配模式、匹配记忆模式、恢复平直设定模式和绝对性识别模式。

- 匹配模式（Matching）。用户采用匹配模式进行练习时，其目的就是要重现软件所应用的均衡。该模式允许在"Question"（计算机随机生成的均衡问题）和"Your Response"（你的答案）之间任意地切换，以确定所选择的均衡器是否与计算机应用的未知均衡相匹配。

- 匹配记忆模式（Matching Memory）。该练习模式与匹配模式类似，它们之间一个主要的差异是，一旦改变了增益或频率中的任一参数，"Question"就不能再次被单击试听了。在对均衡器进行任何参量修改之前可以任意试听"Question"和"Bypass"直通的区别。匹配记忆模式有助于把记忆与目标声音匹配起来，有时你可能会认为这项练习十分有难度，困难的程度取决于所选择的其他参与训练的参量，比如频带的数量、时间限制和频率分辨率等因素。

- 恢复平直设定模式（Return to Flat）。该练习模式的主要目的是通过选择正确的频率及与所用软件选择的均衡等量但作用相反的方法，来反选或抵消由计算机随机选择并应用于音频信号的均衡。虽然其难度与"匹配模式"相当，但是它需要用户考虑以相反的处理方法进行设定，因为其目标是将之前所应用的均衡作用取消，以恢复声音原本的频谱平衡。例如，如果你听到的声音是在2000Hz处进行了12dB的提升，那么正确的做法就是采用在2000Hz处的-12dB的衰减，这样就可以将音频信号恢复到其原来的状态，声音听上去与"平坦的"设定是一致的。由于采用的均衡是互为倒数的峰/谷设定，所以可以通过在对应频率成分上所进行的等量反向提升/衰减来完全抵消任何频率成分上的提升或衰减处理。还应说明的是，如果你打算在软件练习模块之外的其他环境中进行这类练习，则须注意并不是所有类型的参量均衡器都能进行这种互为倒数式的峰/谷设定，因此也就不能用等量的反向衰减来抵消提升。这算不上设计缺陷，只是设计不同而已。

- 绝对性识别模式（Absolute Identification）。该练习模式的难度是最大的，其目标是识别所用的均衡，而且没有机会试听被选择的正确答案。只有"Bypass"（直通）和"Question"（计算机随机生成的均衡问题）可供试听。

2.5.2　频率分辨率

共有如下两种频率分辨率可供选用。

- 1 倍频程——它是这两种选择中最简单的，有 9 个可能的频点。
- 1/3 倍频程——它是这两种选择中最困难的，有 25 个可能的频点。

对应于国际标准化组织（ISO）规定频率的频点通常为所有商用图示均衡器所采用，具体见表 2.1。软件从这些频率中随机地选取均衡的频点，并将其应用于音频信号的均衡设置中。采用 1/3 倍频程分辨率进行练习要比采用 1 倍频程分辨率进行练习更加困难，因为 1/3 倍频程分辨率有更多的频率可供选择，而且不同频率之间更加接近。在表 2.1 中所列出的 1/3 倍频程的频点包含了所有倍频程时的频点，另外又在倍频程的相邻两个频点之间额外增加了两个频点。

表2.1　频点频率（Hz）一览表

	100	200	400	800	1600	3150	6300	12 500
63	125	250	500	1000	2000	4000	8000	16 000
80	160	315	630	1250	2500	5000	10 000	

粗体表示的是倍频程的频点频率

这里，我建议先进行 1 倍频程分辨率方面的练习，而且一定要练习到能够准确地识别 1 倍频程中所有 9 个频点为止。在最初阶段，要尝试建立关于每个 1 倍频程频率声音的记忆。而建立这种倍频程相关的记忆需要花费一定的时间。所以，不要妄想可以在一夜之间就能获得建立这种记忆的能力。取得进步的必要条件是不断练习，而且你会发现经常练习是一定会有效果的。

一旦你对一系列音频文件的 1 倍频程频率点练习产生一定信心后，便可以进行一些 1/3 倍频程频率点方面的练习。当已经对每个倍频程频率点的声音建立了相应记忆时，这些记忆就会像频谱中的"锚点"，帮助你识别在其周围的 1/3 倍频程频率点。识别 1/3 倍频程频率点的一个重要方法就是首先要识别出与之最接近的 1 倍频程频率点。然后判断这个频率点是否是 1 倍频程频率带中的 9 个频点之一；

如果不是，就要判断这个频率点是否高于或低于这个 1 倍频程频率点。

这里给出了两个具体的倍频程频率（1000Hz 和 2000Hz），以及与之相邻的 1/3 倍频程频率。

2500Hz——临近的上频点频率

2000Hz——参照的倍频程频率

1600Hz——临近的下频点频率

1250Hz——临近的上频点频率

1000Hz——参照的倍频程频率

800Hz——临近的下频点频率

2.5.3　频段数量

可以选择 1 个、2 个或者 3 个频段来进行练习。但是，建议先从 1 个频段开始练习，直到你习惯了 1 倍频程频率。

在使用 1 个以上频段进行训练时，可能会搞不清楚到底哪些频率被改动了，最好先识别出最明显的频率，然后将你的答案与题目进行比较。如果所选的频率与问题频率相匹配，那么当在 "Question" 和 "Your Response" 之间进行转换时，这一特定的频率就会表现得不那么明显了，这样就比较容易识别余下的频率了，原因是这是 "Question" 和 "Your Response" 之间剩下的唯一不同的频率。该软件可以接受任何顺序的频率。当进行少于 3 个频段的练习时，只有均衡器最左面的推子起作用。

2.5.4　增益组合

增益组合选项是指应用于某一给定频率的可能增益值的组合（频率提升或衰减量）。对于每道习题，该软件是从所选择的增益组合中随机选择频率提升或衰减量（如果有不止一个可能的增益设定），并将其应用于一个随机选取的频率上。当只有一个可能的增益变量时，计算机会自动地将已经选好的频率上的增益跳至恰当的数值上。

正如人们所预料的那样，较大的增益变化（12dB）要比较小的增益变化（3dB）听起来更加容易。频率提升通常比衰减更容易被识别，因此最好是从提升入手，直到对其识别得心应手为止。一般来说，识别那些已经被去除或衰减的声音元素要困难一些，但是通过对衰减后的频率（Question）与平坦的频率（Bypass）进行切换比较，当所提问题再次重放时还是可以听出那一频率的，因为这几乎就像从正常位置提升某一频率一样。

当采用一个同时包含提升和衰减的增益组合进行练习时（比如 ±6dB），有可能会将低频衰减与高频提升混淆，反之亦然。人类的听觉系统对频率响应的相对变化非常敏感，低频范围内的衰减听上去像是高频范围内的提升。

2.5.5　Q 值

对任何练习而言，Q 值都是一个静态参量。Q 值的默认设置为 2，这种设置对所有练习来说都是一个最佳的开端。Q 值越高（带宽越窄），识别起来越困难。

2.5.6　频率范围

可以将用来练习的频率范围放宽到 63 ~ 16 000Hz，也可以限制在 3 个倍频程的范围内。建议练习者在练习之初将频率范围限制在中频范围的 3 个倍频程内，比如 500 ~ 2000Hz。一旦掌握了这些倍频程频率，就可以将频率范围扩展 1 个倍频程。

在练习完整个频率范围之后，你可能会发现有些频率识别起来仍旧比较困难。例如，当使用音乐录音素材来练习时，正确识别低频（在 63 ~ 250Hz 这一频率范围内）仍旧比较困难，尤其是采用 1/3 倍频程频率分辨率时。有很多种情形会导致低频判断出现问题。首先，音乐录音作品并不总是在低频区域内包含连续一致的低频电平成分；其次，所使用的声音重放系统可能不胜任重放如此之低的频率成分；最后，即便可以准确地重放低频成分，但房间的简正模式（房间中的共振频率）也会干扰听音。虽然使用耳机可以消除房间简正模式所带来的影响，但是耳机和音箱可能不具备平直的频率响应或存在低频频率响应上的缺陷。推荐使用专门型号的耳机和音箱进行听音，具体参见在 1.4 节中的介绍。

2.5.7　声源

你既可以采用软件内部发出的粉红噪声进行练习，也可以采用任何采样率为 44 100Hz 或 48 000Hz 的 WAV 格式双声道声音文件进行练习。从时间平均的角度来看，粉红噪声在每 1 倍频程内具有相等的能量，当以对数曲线图来表示其功率谱时，它呈现为平坦的直线。由于听觉系统对频率间的倍频程（对数）关系要比其对线性关系更加敏感，粉红噪声听上去从低频到高频具有等量平衡的感觉。例如，人们可以听到的最低倍频程频率范围是 20 ~ 40Hz，其频率差只有 20Hz。在人类理想的听力范围内，最高倍频程频率范围是从 10 000Hz 到 20 000Hz，其频率差却是 10 000Hz。听觉系统感知到这两个频率范围具有同样的音程：一个八度。对于粉红噪声而言，这两个倍频程的频率范围（20 ~ 40Hz 和 10 000 ~ 20 000Hz）具有相同的能量。相反，也可以说白噪声在最低倍频程上有 20 个单位的能量，而在最高倍频程上有 10 000 个单位的能量。这就是为什么白噪声在我们的耳朵里听起来比粉色噪声更刺耳、更明亮。通过使用粉红噪声这种在每个倍频程上都具有相同能量的音频信号，频率本身的高低就不会影响你听出某个频率上能量发生变化的难易程度。

在对声源的选择中，既可以选择使用单声道（mono），也可以选择立体声（stereo）。如果载入的声音文件仅包含一轨的音频信号（相对于两个声轨而言），那么该音频信号将只能馈送至左声道。按下单声道（mono）按键，音频信号就会馈送至左、右两个声道输出通道。

当开始任何新的训练或进行类似练习时，最好先从粉红噪声开始练习，然后再采用各种乐器或风格的录音进行练习。练习时使用的录音种类越多，将从这种练习中获取的听评能力移植到另一种听音情况下的听评适应能力也越强。

2.5.8　均衡器的选择

在练习模块中，音频信号（粉红噪声或音频文件信号）可以分配至如下 3 个位置。

- 信号直通，不加任何均衡处理——"Bypass"。
- 信号通过计算机选择的"Question"问题均衡器。
- 信号练习者选择的均衡器——"Your Response"。

可以从上述选项中选择一个进行试听。选择"Bypass"选项可以试听不加任何均衡处理的原始音频信号；选择"Question"选项可以试听由软件随机选出并应用于音频信号之上的均衡；而选择"Your Response"选项则可以试听训练者自己在用户界面上设定参量的均衡。图 2.17 所示的是实用练习模块的框图。

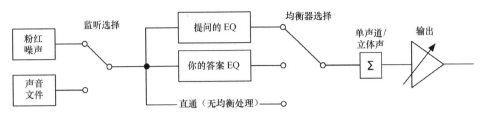

图2.17　技术性听觉训练软件中参数均衡练习模块的信号流程框图

2.5.9　声音文件控制

界面上的声音文件控制（Sound File Control）部分包含音频信号波形的显示内容。使用者可以通过单击和拖曳的方法来选取所要使用的整个音频文件。在到达文件的结尾或被选部分的结尾处时音频文件会自动重复播放。通过简单单击波形，就可以将单击位置至文件结尾部分的波形选中。

2.5.10　时间限制

在录音棚或现场扩声场合，时间至关重要。音频工程师通常必须又快又准确地进行有关音质和音频信号处理的决定。为了应对这些现实情况，你可以在练习模块中设置一个时间限制，这样就可以训练自己快速而准确地识别均衡参量设置的能力。

时间限制可以迫使练习者迅速对声音的第一印象做出反应，而不是用很长的时间反复思考。使用练习模块进行过训练的刚入门的录音工程师常常反映说，前思后想得到的结果往往是错误的，而第一印象通常是最准确的。

2.5.11　键盘快捷键

当采用定时器时，软件提供的键盘快捷键功能对于快速显示出自己的答案十分有益。按下 Tab 键在具有多个频段的练习中可以进行频段循环操作。上 / 下箭头键可以用来提升或衰减倍频程的频率。另外，数字键对应的是各个倍频程频率（0 = 20Hz，1 = 63Hz，2 = 125Hz，3 = 250Hz，4 = 500Hz，5 = 1000Hz，6 = 2000Hz，7 = 4000Hz，8 = 8000Hz，9 = 16 000Hz），利用它们可以迅速跳转到相应的倍频程频率上。左 / 右箭头键被用来以 3dB 为步阶调整所选频段的增益。对于仅有的一个增益选项（比如 +12dB）练习，当频率推子从 20Hz 变化至任何其他的频率时，增益是自动设定的。频率推子回到20Hz时，增益则复位至0dB。针对1个以上的增益选项（比如±12dB）进行练习时，除非使用者自己调整，否则增益会一直停在0dB处，频率改变时它不会自动变化。各种键盘快捷键的作用如下。

- [空格键]会根据练习的类型（Practice Type）跳转到不同的均衡器选项（Equalizer Selection），具体如下。
    - 匹配模式：交替触发"Question"选项和"Your Response"选项。
    - 匹配记忆模式：在参量改变之前，交替触发"Question"选项和"Your Response"选项；当有参量发生变化时，转变成交替触发"Your Response"选项和"Bypass"选项。
    - 恢复平直设定模式：交替触发"Your Response"选项和"Bypass"选项。
    - 绝对性识别模式：交替触发"Question"选项和"Bypass"选项。
- [Enter键]用来确认答案和移至新的问题。
- [Q键]听Bypass(直通)音频信号。
- [W键]听Question(所提问题)的音频信号。
- [E键]听Your Response(你的答案)的音频信号。
- 数字1~9键对应的是所选频带的倍频程频率（例如1 = 63Hz，2 = 125Hz，3 = 250Hz，4 = 500Hz，5 = 1000Hz，6 = 2000Hz，7 = 4000Hz，8 = 8000Hz，9 = 16 000Hz）。
- 上/下箭头键可以用来改变所选频段的频率。
- 左/右箭头键可以用来改变所选频段的增益。
- [Tab键]用来选择要修改的频段（如果有多个频段）。
- [Esc键]用来关闭音频信号。

2.6 采用EQ练习模块进行训练

首先打开EQ练习模块，在Monitor Selection(监听选择)中选择pink noise（粉红噪声），开启音频信号，并将输出电平调整至舒适的音量上。确认Equalizer Selection被设置成Your Response，轮流试听一下每一倍频程的频率，以获得对每一频率的听感记忆。一旦使用者改变频率，增益就会自动跳至 12dB；这是打开软件模块时的默认增益组合值。在 "Bypass"（无均衡处理）与 "Your Response" 间切换，来比较在提升每一频段时所产生的音色变化。训练之初，要花费些时间来单独听一下各个频率的声音，其间设定要在平坦响应与加入均衡处理的效果之间进行切换。在熟悉了粉红噪声中的倍频程频率之后，可以导入一个声音文件，并对音乐或语音进行同样的操作。

　　当你试听声音文件时，需要把每个倍频程频率影响到的乐器或乐器声中的声音成分记录下来。例如，在 125Hz 处提升可以突出小军鼓或贝斯的低次谐波。在高频范围，比如在 8kHz 处提升可以突出清脆的镲声的谐波。如果你在试听巴洛克协奏曲的录音，就会发现 16kHz 处的提升会使羽管键琴的声音更加突出。

　　特定频率上的提升有时会使某件乐器的声音从缩混中凸显出来。实际上，有能力的母带师会利用这一现象对混缩后的录音再次进行细微的平衡调整。即便是使用性能相当的仪器设备，给定的频率对每个录音产生的影响也稍有不同。根据录音中每一单件乐器的频率成分和频谱平衡情况，均衡器参数设定对不同缩混方案产生的影响也会稍有不同。这就是为什么工程师必须关注每一个单独录音项目具体需求的原因之一，而反对一味地根据之前的录音处理方案来一成不变地简单工作。例如，不会因为在一次录音中采取了对小军鼓在 250Hz 处进行衰减的处理，就意味着在此后处理所有小军鼓时都要采用这种方法。

　　在录音和缩混过程中，工程师有时可能会按照 "从数值上看似乎是正确的" 这种逻辑去评估、质疑自己在声音处理和混音时作出的各种决定。例如，对某件乐器声音在 300Hz 处进行了 20dB 的衰减后，根据一些似乎合理的概念，可能会认为 20dB 的均衡量太大了。我们可能会想，"我以前从来没有这样做过，这似乎是一个极端的情况，所以它怎么可能是正确的？" 我们可能会依靠逻辑作判断，而非依靠耳朵。但根据逻辑作出的评估并不总是可以与听上去合适的声音相吻合。总之，不论信号处理或缩混决定看上去有多么荒谬，只要最终的音响效果符合所制作项目的艺术要求就可以。作为工程师，可以通过对频谱平衡和缩混电平、音色、动态范围和空间处理等做出选择，直接影响录音作品给人的艺术印象。我们应该用耳朵做出某种处理是否适宜和合适的判断，而不是根据所选实际参量的设定数值而得出结论。

元音声

许多研究人员已经注意到了，把具体的元音与各个倍频程频率关联起来，有助于听音人对频率进行识别，因为在每个元音声音中存在着共振峰频率［勒托维斯基（Letowski），1985；米西凯维奇（Miskiewicz），1992；奥波克（Opolko）和沃斯泽克（Woszczyk），1982；奎内尔（Quesnel），2001；奎内尔（Quesnel）和沃斯泽克（Woszczyk），1994；斯劳森（Slawson），1968］。元音大致对应的倍频程频率如下。

- 250Hz = boot 中的 [u] 音。
- 500Hz = tow 中的 [o] 音。
- 1000Hz = father 中的 [a] 音。
- 2000Hz = bet 中的 [e] 音。
- 4000Hz = beet 中的 [i] 音。

将频率共振与特定的元音匹配在一起有助于学习和记忆这些特定的频率。有些读者会发现，与其考虑频率数字，不如用元音来匹配音色平衡。随之，元音的声音就可以与特定的倍频程频率联系在一起了。

2.7　推荐用于练习的录音资料

下文列出的素材是可以通过商业渠道购买的各种风格的录音制品，适合作为 EQ 软件练习模块的音源来使用。这些录音作品是在较宽的频率范围内表现出良好频谱平衡特性的高质量录音样本。当然，还有许多其他适合的录音素材。读者可以尝试一下其他的录音制品，看看还有哪些适合进行听音练习。

所有的练习都应采用 CD 质量的音源，即采用数字线性脉冲编码调制（PCM）的 44.1kHz，16bit 的 AIFF 或 WAV 格式的音源，而不是数据简化版本。绝对不要使用有损编码格式（比如 MP3，Windows Media Audio，Advanced Audio Coding 或 Ogg Vorbis 格式）的录音制品进行 EQ 软件练习，即便将它们转换回了线性 PCM 格式也是不可以的。一旦音频文件被进行了感知编码，其音质就会下降，即使再转换成线性 PCM 格式，音质也无法恢复。

Anderson, Arild.(2004). "Straight" 选自 *The Triangle*. ECM Records.（爵士）。

Blanchard, Terence.(2001). "On the Sunny Side of the Street" 选自 *Let's Get Lost*. Sony.(爵士)。

Brecker, Michael. (2007). "The Mean Time" 选自 *Pilgrimage*. Heads Up International/Telarc/ WA Records.(爵士)。

Chapman, Tracy.(1988). "Fast Car" 选自 *Fast Car*. Elektra.(流行音乐 / 摇滚音乐 / 乡村民谣)。

Daft Punk.(2013). *Random Access Memories*. Columbia Records.(流行音乐)。

Earth, Wind & Fire.(1998). "September" 选自 Greatest Hits. Sony.(流行音乐)。

The European Community Baroque Orchestra.(1991). "Concerto II— Presto" 选自 *6 Concerti Grossi*，Channel Classics.(古典音乐)。

Florilegium & Pieter Wispelwey.(2006). *Haydn:Cello Concertos Nos.1&2,Symphony No.104*. Channel Classics.(古典音乐)。

Le Concert des Nations.(2002). "Marche pour la cérémonie" 选自电影 *Tous les matins du monde* 的影视原声。Alia Vox Spain.(古典音乐)。

Massive Attack.(1998). "Teardrop" 选自 *Mezzanine*.Virgin.(电子音乐)。

McLachlan, Sarah(2003). "Time" 选自 Afterglow. Arista Records.(流行音乐)。

The Police. (1983). "Every Breath You Take" 选自 *Synchronicity*.A&M Records.(摇滚音乐)。

Randall, Jon.(2005).*Walking Among the Living*. Epic/Sony BMG Music Entertainment.(乡村音乐)。

Steely Dan.(1977/1999). *Aja* [原录音重新制作了母带].MCA.(流行音乐 / 摇滚音乐)。

Steely Dan.(2000). "Gaslighting Abbie" 选自 *Two Against Nature*. Giant Records.(流行音乐 / 摇滚音乐)。

还有一些可以购买或免费下载的许多艺术家的多轨录音作品也可作为练习的音源使用。作家兼录音工程师迈克尔·森尼尔（Mike Senior）开设了一个网站，该网站提供了很多免费多轨录音作品。

Apple 的 GarageBand 和 Logic 也提供了一些单件乐器的录音，这些录音可以与 EQ 软件练习和测试软件一起配合使用。

2.8　推荐使用的练习和测试顺序

虽然 EQ 软件练习模块允许选择任何练习参量组合进行练习和测试，但有一个从易到难的练习顺序建议如下。

2.8.1　1 倍频程

1. 练习类型：匹配模式（Matching）。

监听选择：粉红噪声

频率分辨率：倍频程

频段数量：1

增益组合：+12dB

$Q = 2$

频率范围如下。

a. 500 ~ 2000Hz

b. 63 ~ 250Hz

c. 4000 ~ 16 000Hz

d. 250 ~ 4000Hz

e. 125 ~ 8000Hz

f. 63 ~ 16 000Hz

2. 与上述情况一致但除了：

监听选择——你自己选择的录音作品素材

3. 与上述情况一致但除了：

练习类型——绝对性识别模式

监听选择——粉红噪声和你自己选择的录音作品素材

频率范围——63 ~ 16 000Hz

4. 与上述情况一致但除了：

频段数量——2

5. 与上述情况一致但除了：

频段数量——3

6. 与上述情况一致但除了：

增益组合——+12/−12dB

7. 与上述情况一致但除了：

增益组合——+9dB

8. 与上述情况一致但除了：

增益组合——+9/−9dB

9. 与上述情况一致但除了：

增益组合——+6dB

10. 与上述情况一致但除了：

增益组合——+6/−6dB

11. 与上述情况一致但除了：

增益组合——+3dB

12. 与上述情况一致但除了：

增益组合——+3/−3dB

2.8.2　1/3 倍频程频率

建议按照上面的顺序进行练习，但是不要使用 1 倍频程频率，而是从 Frequency Resolution（频率分辨率）的下拉菜单中选择 1/3rd Octave（1/3 倍频程）频率。

2.8.3　时间限制

为了进一步增加练习的难度，你可以使用定时器来提高训练速度。

总结

对于任何音频工程师而言，均衡都是最重要的工具。通过听觉训练，我们可以掌握如何识别频率的提升或衰减。只要进行定期和持之以恒的练习，所提供的软件练习模块可以被当作有效的技术性听觉训练工具和听评工具来使用。

第 3 章

空间属性与混响

不管混响是拾音阶段由传声器拾取的，还是在缩混阶段后期加入的，混响被用来创建录音的距离感、纵深感和空间感。混响的使用方式在不同的音乐流派和不同的录音时代中都演变出了不同的使用惯例。虽然混响的一般使用原理是相同的，但具体的混响使用技术却因音乐流派不同而不同。混响也被广泛应用于电影的声音和游戏的声音中，以强化其视觉场景或向观众提供镜头之外相关动作或场景的信息。

在古典音乐录音中，工程师通过把传声器安放在某个位置来完成直达声（来自乐器和人声）与非直达声（反射声和混响）的混合，以此来体现音乐家在混响空间演奏中的自然声音。因此，要仔细聆听干声和混响声音之间的平衡效果，如果干/湿平衡不符合要求，则需要调整传声器的位置。比如将传声器调整至远离乐器的位置后，混响就增加了，直达声也减少了。

流行音乐、摇滚音乐、以电子乐器和计算机合成音色为主导的其他风格的音乐不必在混响声学空间中拾音，但也有一些例外（见第 7 章声音的分析）。相反，当在一个混响相对干的声学空间内录制音乐并近距离使用传声器拾音时，工程师往往会在音乐录制完成之后通过加入人工混响和延时来营造一种空间感。人工混响和延时被用来模拟实际的声学空间特性，或被用来创建非自然的音响空间。我们并不总是希望每一种乐器演奏的声音或歌唱声听起来都像是在舞台的最前沿发出的。我们可以把录音声像想象成摄影或绘画，当我们聚焦于声像前景中的某些元素时，也可以在声像中景和背景中放置一些元素，这样会使录音听起来更加动人。在录音中创造纵深感和距离感的关键是延时和混响。给声源加上更多的混响会使声音听上去更悠远，而较干的那些声音元素则会留在声像的前景中。工程师不仅可以让声音听上去远一些并建立起声学空间的听觉印象，还可以通过细心地使用混响来影响录音作品的特征及其所表现出来的情绪。除了对纵深和距离进行控制之外，还可以通过标准的幅度设置声像的方式来控制声源的角度或位置（方位角或左、右位置）。

当通过立体声音箱还音时，可以对声源位置进行两个维度的控制：距离（由近到远）和角度位置（方位角）。通过利用在 IMAX 电影、主题公园和音频研究环境中所使用的多维度音箱阵列，显然我们也可以对声音进行第三维度上（也就是高度）的控制。在本书中，不论是立体声音箱还是多声道音箱，将只关注水平面上的音箱（不包括高架音箱）；但一般这些原则适用于任何音频重放环境，并不限于二维还是三维的声音。

适用于声源和空间的空间属性如下。

- 在给定音箱配置后声源的定位
  - 由声像定位确定的方位角
  - 由音量及混响 / 回声确定的距离感
- 仿真的 / 真实的声学空间特性
  - 混响衰减时间
  - 早期反射声模式
  - 明显和 / 或长时间延时造成的回声
  - 可感知的空间大小

空间属性还包括声像的相关性及其空间连续性。简单地说，相关性是指两个声道之间的相似程度。我们可以用相关表或相位表来测量立体声声像左、右声道的相关性。此类型仪表的相关度系数范围通常为 −1 ~ +1。相关度系数为 +1 意味着左、右声道的信号是相同的，虽然它们的幅度有可能不同。相关度系数为 −1 意味着左、右声道的信号还是相同的，但其中一个声道的极性相反。在实践中，大多数立体声录音的相关度系数范围为 0 ~ +1，偶尔会跳到 −1。

左右声道的相关性对录音中可感知的宽度有一定影响。两个完全相关的声道将形成一个单声道声像。相关度系数为 −1 时，会形成一种人工"宽声场"立体声声像。相对于耳机，我们将更容易通过音箱听清楚负相关性声像或"异相位"声道的声音效果。在很大程度上，负相关性声像的位置取决于听音位置。坐在理想的听音位置（见图 1.2），我们会倾向于将负相关性声像定位到头部两侧或音箱位置的外侧。如果稍微挪动到理想听音位置的左边或右边，声像就会迅速向一边或另一边移动。负相关性声像似乎并不稳定且很难定位。对出现了"人工宽声场"立体声现象的混音或混音中的元素进行听辨是非常重要的，在信号通路的某个地方可能存在需要纠正的极性问题。本书将在 3.7 节中讨论关于相反极性声道听辨方面的更多内容。

"零相关"声道（当相关表或相位表读数为 0 时）倾向于创建一个能量主要位于左、右音箱的立体声声像。如果通过立体声音箱收听"零相关"声道的粉色噪声，在其立体声声像的中心几乎没有可以听到的能量；但作为负相关性声像，其声像又没有宽出音箱外侧。在声像中央听到的能量主要是低频成分，高频成分被清楚地定位在两侧的音箱上。

另一个用于判断监听立体声声像宽度和能量位置的仪表是角度计及可以显示李萨如图形（Lissajous pattern）的矢量示波器。这种类型的仪表通常出现在万用表插件中，与相位表或相关表一起使用。利用正弦音测试信号进行演示能很好地说明矢量示波器是如何表示立体声声像的，在图 3.1 中，从 1kHz 正弦音在声场正中心开始，可以看到矢量示波器在仪表的中心位置显示了一条垂直线。此时仪表显示的是这个被设置在中心位置的声音的实际位置——完全在立体声声像的中心。如果将正弦音移到一边，就会看到图 3.2 所示的从中心向右边倾斜 45° 的直线效果。在这种条件下听音，我们可能将声音定位于右边音箱或右耳机上。如果将这个正弦音平移回中心位置并对其中一个输出声道的极性方向进行反相处理（反转相位），在仪表底部就会出现一条水平线，如图 3.3 所示。这条水平线表示的是呈负相关性的左、右声道。

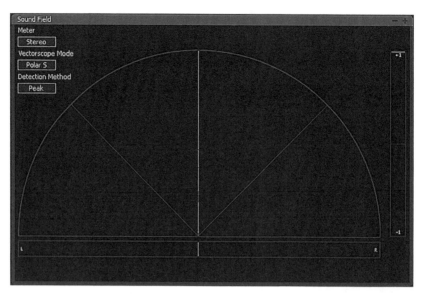

图3.1 矢量示波器上显示被定位在中心位置的1kHz正弦音的立体声声像宽度及相关性。能量以直线的形式出现在仪表中心，相位表的读数为+1（iZotope Insight插件的屏幕截图）

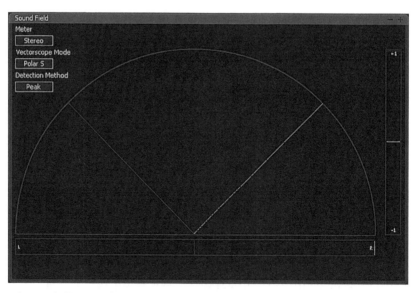

图3.2 矢量示波器上显示定位到右边的1kHz正弦音的立体声声像宽度及相关性。能量以直线的形式出现，与仪表中心成45°，相位表的读数为0（iZotope Insight插件的屏幕截图）

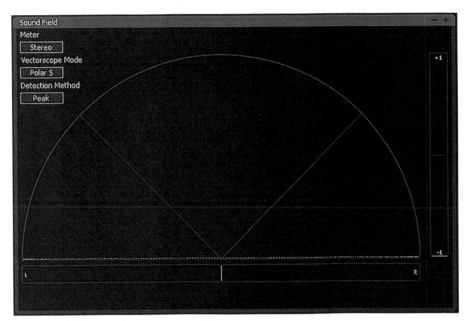

图3.3　矢量示波器上显示立体声总线的一个声道上相位相反（极性相反）的1kHz正弦音的
　　　 立体声声像图及相关性。能量在仪表底部以水平直线的形式出现，相位表的读数为-1
　　　 （iZotope Insight插件的屏幕截图）

　　正弦音有助于解释矢量示波器的一些基本使用情况，但在实践中，工程师有
可能去测量一些更加复杂的声音信号，如音乐、说话声和声音音效。一个矢量示
波器的屏幕截图如图 3.4 所示，显示的是流行音乐立体声混音片段的某个瞬间。
可以看到，虽然它不是与上述正弦音一样呈单条垂直线，但其能量主要集中在矢
量示波器图像的中心位置，相关表的读数接近 +1。在这段录音中，因为主唱声、
贝斯、底鼓、小军鼓和吉他的立体声声像都摆在了中心位置，只有微小的混响和
辅助轨打击乐器组的声音被摆在了两侧，仪表盘上反映了我们所听到的立体声声
像——这个混音的中心位置能量较多，这样的混音平衡方式在流行音乐作品中是
比较常见的。

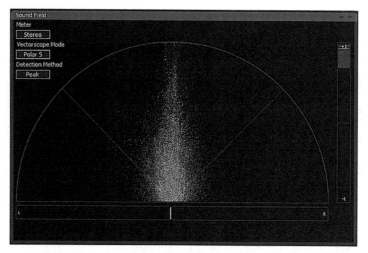

图3.4 矢量示波器上显示流行音乐立体声混音片段的立体声声像宽度及相关性。能量主要集中在仪表中心，相关表的读数接近+1。请将此图与图3.1进行对比（iZotope Insight插件的屏幕截图）

　　不同的缩混作品，在仪表上会显示出不同的图像。另一种更具实验性的音乐类型的矢量示波图像如图 3.5 所示。值得注意的是，仪表上显示的图像比先前示例宽得多，从听觉上来说，会觉得立体声的声像宽度效果更明显了。

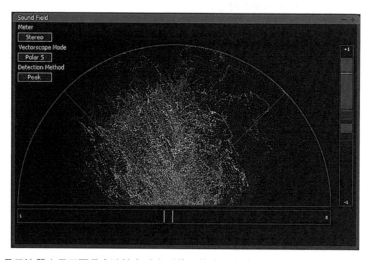

图3.5 矢量示波器上显示更具实验性音乐类型的立体声混音的立体声声像宽度及相关性。能量以看似随机的曲线广泛分布在整个仪表盘上，相关度的波动范围占据了0～+1大致2/3的区域，但是仪表的灰色区域显示其最近的"历史"波动很大，其浮动范围包括从接近1的高点到略低于0的低点（iZotope Insight插件的屏幕截图）

听音练习：负相关性声道

打开一个数字音频工作站（DAW）并导入任一立体声录音作品，将左、右声道移到中心位置。此时，这个立体声作品听起来像单声道声音。在立体声总线上（而非输入轨道上）选择左声道或右声道进行极性（或相位）反转，具体反转哪一个声道的极性（或相位）并不重要，但不要同时反转左声道和右声道。在 Pro Tools 和 Logic Pro 等数字音频工作站中，工程师需要在立体声总线上添加一个调整波形插件（trim）或增益（gain）插件，且插件内部有极性（或相位）反转开关，这些开关上通常标有"ø"或"Φ"的标志。一旦听到了异相位的声音，应该就此记住这种声音，并在下次听到同样声音时立刻识别出来。

听音练习：零相关性声道

打开一个数字音频工作站并创建两个单声道。向每个声道各添加一个粉色噪声生成器插件（它可能在"Utilities"选项下），并将一个声道的声像摆到极左位置，将另一个声道的声像摆到极右位置。这样操作，是否能在立体声总线中产生零相关噪声，取决于数字音频工作站本身。为了确保所产生的噪声具有零相关关系，再添加一个直接延时效果（不含反馈 / 重复、滤波、调制或交叉反馈的单个直接延时效果），并将延时时间调到最大。换句话说，我们只是想让一个通道相对于另一个通道出现时间偏移。此时，立体声总线应该有两个零相关粉红噪声声道。反转立体声总线一个声道的极性，应该不会产生可闻的声音效果，也不会产生可测量的相关性变化。你也可以用音乐信号创造同样的效果。假设工程师在对吉他进行某一片段的音乐录制，然后在另外一个声轨上再次录制相同的音乐片段。播放这些录制好的声轨，然后将声轨的声像分别摆到极左和极右的位置。这些声轨，即使是演奏一模一样的相同音符，也是零相关的关系。

零相关粉红噪声在矢量示波器上展示出的是一个相对随机且均匀分布的图像。至少在这种情况下，视觉图像与我们所听到的并不相符。这个立体声声像听起来更像是能量主要固定在两只音箱所处位置上，而不是均匀分布在两只音箱之间。尽管角度计或矢量示波器能为我们在立体声声像中所听到的声音提供一些线索，但它并不总是与听到的声音直接对应。因此，当需要作出关于立体声声像、音色平衡及音质方面的最终决定时，不能仅仅依靠各种仪器，更要利用好自己的耳朵。

3.1　感知到的空间属性分析

无论声源是声学乐器发出的直达声，还是通过音箱重放出来的乐器录音，人类的听觉系统都可以从中提取出有关声源的空间属性。空间属性有助于人们对声源的方位角、高度和距离上的变化进行准确的判断，同样也可以对发声空间的声学环境和边界等信息进行判定。由于人类是利用双耳来听音的，双耳听觉系统借助于两耳间的时间差、两耳间的声强差，以及通过耳廓或外耳产生的滤波作用来判断声源的位置［摩尔（Moore），1997］。对通过音箱重放声音声像的定位过程，与对单一声学声源的定位存在一定的差异，本章将重点讨论与音频制品和音箱声重放有关的空间属性。

无论空间属性的变化有多么微小，音频工程师都需要听出任何已经存在于录音中或后期额外添加到录音中的空间处理效果。摆声像、延时和混响会影响音乐混音中各种音乐元素的平衡和混合关系，进而影响听众对音乐录音的感知和情感反应。例如，长时间的混响可以创造出一些戏剧性效果和令人激动的感觉，这时的音乐听起来就像从宽敞空间传过来的充满神圣感的歌曲一样。采用较短的混响时间，工程师就可以创建出一种温暖而亲密的感觉，或是相反的毫无修饰而冰冷的感觉。

在古典音乐录音中，混响扮演着很重要的角色；而在其他音乐类型的录音中，混响也具有非同寻常的意义。例如，利用混响空间创造出情感上的冲击的制作风格的经典之作是组合 The Ronettes 于 1963 年创作的《做我的宝贝》（*Be My Baby*）。几十年后，在制作人布莱恩·伊诺（Brian Eno）和丹尼尔·拉诺伊斯（Daniel Lanois）的帮助下，U2 的专辑《约书亚之树》（*The Joshua Tree*）和《难以忘怀的火焰》（*Unforgettable Fire*）中的歌曲大量使用了延时和混响来营造大型开放的空间感。在此之前的几年中，伊诺和拉诺伊斯因氛围音乐制作而出名，他们把一些与空间属性相关的处理方法和"特殊处理"方法引入了随后的流行音乐作品的制作中。与 Impulse!Records 和 Blue Note Records 等美国爵士乐唱片公司相比，德国唱片制作人曼弗雷德·艾彻（Manfred Eicher）和他的唱片公司 ECM 在爵士乐唱片录制中使用了更明显的混响。

虽然有些人认为在音乐录音中突出混响成分是一种噱头，但我发现混响会使音乐录音变得更有趣且引人注意。但当混响沦为一种附属品，被很生硬地将混响插入音乐作品，而没有很好地与作品本身混合在一起时，会让音乐听起来很浑浊，或者在这个音乐作品中混响并没有扮演一个明确的音乐角色，还会影响听众的听觉体验。录音制作方面的决策往往由个人的不同选择和品味决定，但我们应从音乐本身出发进行相关决策。进行一些听音试验，尝试一下新的音频处理方式，听从耳朵的指引，尝试一些非常规性的东西，即兴发挥，并对新的可能性持开放态度，你可能会有一些意外的收获。不管你对音乐录音中混响的使用持有什么立场，去听听那些已经发行的商业音乐录音中混响、回声和延时效果的使用方式，并尝试去模仿一下这些处理方法。

由于空间掩蔽对感知结果有一定的影响，因此声像中声源的空间布局可以影响录音的清晰度和声源间的相互关系。众所周知，大音量的声音会部分或完全掩蔽安静的声音。所以，我们很难在嘈杂的环境中进行交谈，因为噪声掩蔽了说话声。事实证明，如果掩蔽声（噪声）和被掩蔽声（如说话声）来自两个不同的位置，那么掩蔽效应就会减弱。同样的情景也可以发生在立体声和多声道音频声像关系中。位于某一位置的声源可以部分或完全掩蔽被移到该位置的其他声源。将声音移到相反的方向，便可以听到之前被掩蔽的更加安静的声音。有时候一个录音作品中混响的使用几乎让人听不到效果，或者很难确认它是否加入了混响，这是因为混响与直达声相混合，并被直达声部分掩蔽。带有持续性声音元素的录音更是如此。打击乐器和鼓等发出来的瞬态声音元素，可以使我们听到清晰的混响声，这是因为根据瞬态声音本身的定义，它衰减得比较快，通常比混响声快得多。

在对数字混响器各可控参量（如衰减时间、预延时时间、早期反射声）与它们的声音效果进行相互转换时，必须考虑空间处理的主观印象。从概念上来讲，可以将声源距离感的控制与混响模拟联系起来，但是在传统的数字混响处理器中通常不会有所谓的"距离感"（distance）这样的参量。如果想让声源听上去距离我们更远，则需要通过适当调整混响参量（如衰减时间、预延时时间和混音电平）间接地控制声音的距离，直到获得想要的距离感效果为止。工程师必须在混响的客观参量之间进行调整与转换，以创造出理想中的对于声源位置和模拟声学环境的客观印象。

混响参量设定的选择受许多条件的制约，比如干声源的瞬态特性和宽度，以及混响算法的衰减和早期反射声特性。专业工程师通常依赖混响声的主观听感去完成他们对每一个缩混作品要达到的目标，而不是简单复制那些在其他项目中使用过的参量设置模板。换句话说，他们会调整参量，直到混响声听起来合适为止。在这一过程中，他们并非简单地假定之前的混音预设可在新作品中直接照搬。针对某一个声源和混响算法的特定参量设置组合通常是不能简单地复制到不同的声源或混响上的，这样无法使其产生同样的距离感。

人们能够同时从客观和主观的角度来分析空间属性并从中获益，因为这些工具具有客观的参量，但录音的最终目标是要取得成功的声音缩混质量，而不是去识别某一个特定的参量设置。这就如同均衡一样，必须要找到可以将所听到的声音与参量控制相互转换的方法。空间属性可以被划分成如下的种类和子集。

- 直达声 / 干声源的位置
- 声学空间和幻象声场的特性
- 音箱产生的总体声像的特性

听音练习：在录音作品中听出混响效果

当在混音过程中加入少量混响时，针对加入的混响试着对比一下静音（mute）和非静音（unmute）的效果，以确保能听到这种混响对整体混音效果的影响。

3.1.1　声源

声源的空间属性主要分为如下 3 类。

- 角度位置（入射角位置）
- 距离
- 空间范围

声源：角度位置

声源的角度位置或方位角是指它在立体声声像中可以被感知到的位置，通常位于左、右音箱之间。人们可以将声源分配到整个立体声声像中的不同位置，从而减少一些空间遮蔽效应，并优化每个声源的清晰度。当声源占据相同的空间位置，并且频率范围相同时，很容易发生空间掩蔽问题。

利用大多数调音台上常规的恒定功率声像控制，可以将每个传声器上的信号声像定位到音箱之间的特定位置。声像控制也可以采用将送至其中一只音箱的通道输出信号进行信号延时（相对于送至另一只音箱的通道输出信号）的方法来实现，但基于延时的声像处理并不常见，原因之一是其效果在很大程度上取决于听音人相对于音箱的位置。此外，由于这时可能会引入梳状滤波问题，因此基于延时的声像处理方法对单声道的兼容效果并没有那么理想。此外，相对于每个调音台、软件或硬件上随处可见的基于振幅的移动声像工具，基于延时的声像处理工具并不常见。

间隔空间式立体声传声器拾音技术（如 ORTF、NOS、A-B），将自动产生基于延时的声像处理效果，无须任何特殊处理。立体声传声器拾音技术通常需要将传声器拾取的信号分别定位到极左和极右的位置，由于两个传声器之间有一定的距离，对于不在中间的声源来说，声音分别到达两个传声器的时间存在一定的差距。虽然此时间差很小，比如对于 ORTF 制式来说间距为 17cm 时的最大时间差仅为 0.5ms，但将这种声道间的时间差与幅度差相结合，可以在立体声声像中重塑更加自然的声源位置。时间差提升了我们对幅度差所提供的声源位置的感知。声源的最终位置将取决于所用的立体声传声器拾音技术和各个声源本身所处的位置。与 X-Y 等重合式传声器技术相比，ORTF 等间隔式立体声传声器技术会产生更宽的声像效果，原因之一是在 X-Y 制式中不存在声道间的时间差。我们可以在录音作品中尝试一下不同的立体声传声器拾音技术。知名录音师布鲁斯·斯威迪恩（Bruce Swedien）曾经说，他在录音中几乎只使用立体声传声器拾音技术，也许这就是其录音作品听起来悦耳的原因之一。

声源：距离

尽管人们对绝对距离的感知不够准确，但是立体声声像中声音的相对距离对于在录音中塑造纵深感是很重要的。在声学条件好的实际空间中所进行的大型乐队录音可以表现出自然的纵深感，听众在听这样的录音时就如同与现场观众置身于同一空间欣赏演出一样。在古典音乐中，这种效果可以很自然地通过在乐队前面摆放一对立体声传声器来实现。靠近舞台前面音乐家（离传声器更近）的声音相比舞台后面音乐家（离传声器更远）的声音听起来距离会更近。

当在声学意义上听起来比较干的空间（比如录音棚）进行录音时，工程师通常就要想方设法地利用延时和人工混响来建立起纵深感。我们可以通过调整如下的一些物理参数来控制声源的距离。

- 直达声声级（Direct sound level）。由于距声源的距离每增加一倍，声音的强度将会衰减 6dB[1]，因此距声源越远，声音听上去越弱。这一提示信息对听音人来说可能是模棱两可的，因为响度上的变化既可以是距离改变引起的，也可能是声源的声功率本身变化引起的。

- 混响声声级（Reverberation Level）。随着声源与房间或大厅内的听音人的距离变远，直达声声级减小，而混响声声级基本维持不变，这便降低了声音的直混比。

- 传声器与声源的距离（Distance of microphones from sound sources）。将传声器移至距声源更远的位置，可以降低所拾取声音的直混比，因而可以建立起更远的距离感。

- 空间传声器的摆位和电平（Room microphone placement and level）。如果把传声器放在房间或大厅内与演奏者相对的一端，将主要拾取混响声。我们可以将该传声器拾取的室内自然混响信号当作混响声加入缩混作品。

- 对近距离拾音所拾取的直达声信号加低通滤波处理（Low-pass filtering close-miked direct sounds）。当传声器远离声源时，由于空气吸收的缘故，高频成分的衰减要比低频成分的衰减大一些。更进一步，房间中反射面的声学属性也会对到达听音人耳朵的反射声频谱产生影响。

声源：空间范围

有时我们可以在一个缩混作品中精确地定位声源，也就是说，可以直接在立体声声像中指出这些声源的虚拟位置。而有时，声源位置可能会比较模糊。空间范围描述的是声源的感知宽度。在音乐厅声学研究中，与之相关的概念就是表观声源宽度（Apparent Source Width，ASW），它与侧面反射声（side reflection）到达的强度、时间和方向有关。声学家迈克尔·巴伦（Michael Barron）发现，侧面反射声越强，表现声源宽度就越宽。

与音乐厅声学环境的构建类似，在通过音箱回放时，人们对音箱所产生的声音声像宽度的感知也会受到早期反射声的影响，无论这些早期反射声是传声器拾

---

1 在自由声场中，即没有反射声存在时，对于直达声或自由声场，这一结论成立。

取的，还是人工加入的。如果人工的早期反射声（立体声形式）被加入由近距离点话筒拾取的音频信号，直达声往往就会在听感上与早期反射声相融合（取决于反射声到达的时间），从而产生比干声源本身更宽的声像。

　　音箱产生的声像感知宽度随所使用的传声器技术、所要拾取的声源、录制声音所在声学环境的变化而变化。间隔式传声器产生的声源较宽，这是因为随着两只传声器之间距离的增加，它们所拾取的信号间相关度降低了。正如上述讨论，一个相关度为 0 的立体声声像（零相关的左、右声道声音信号）形成了一个宽场声像，其能量似乎主要来源于左、右音箱，而中心能量很少。我们可以利用一对立体声传声器的间距来影响声音信号的相关度。在大多数情况下，将两只传声器放在一起会产生高度相关的声音信号，除了下一段将要描述的采用布鲁姆林立体声传声器拾音技术（Blumlein stereo microphone technique）的某些情况。由于一对重合式传声器位于几乎相同的物理位置，因此到达两者的声能几乎是相同的。当工程师将这两只传声器分开时，其所拾取的声音信号的相关性就会降低。几厘米的小间距将消除高频成分间的相关性，但低频成分仍然具有相关性。随着传声器之间空间的增大，去相关性将逐渐扩散到更低的频率成分。传声器间距和具有相关性的最低频率成反比，因为随着频率的降低，波长增加，因此需要更大的间距来消除低频的相关性。换句话说，假设混音时将一只传声器拾取到的信号定位至极左位置，而将另一只传声器定位至极右位置，那么在拉开一对传声器的距离时，所得到的立体声声像也会（随着相关性的降低）变宽。

　　正如上文提到的，布鲁姆林立体声传声器拾音技术使用的是重合放置在一起的两只 8 字形传声器或双指向性传声器，它们的轴向夹角为 90°，这将创造出一种较为复杂的立体声声像。到达传声器正面和背面的声音是同相位的，所以它们之间是相关的。每只传声器在同一时间拾取了到达传声器两侧的声音，但其极性相反。例如，从一对布鲁姆林立体声传声器的右侧传来的声音会被指向右侧的传声器的正极性波瓣所拾取，也会被指向左侧的传声器的负极性波瓣所拾取。因此，从侧面传来的声音在立体声声像中呈负相关性。8 字形传声器的极性模式及从侧面到达的声源如图 3.6 所示。

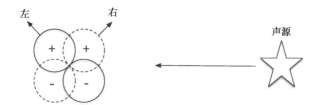

图3.6　布鲁姆林立体声传声器拾音技术采用了两只重合放置且相互之间
轴向角度为90°的8字形传声器；在得到的立体声声像中，从侧面传来的声音呈负相关性

声源的空间范围可以通过如下物理参量加以控制。

- 源于实际声学空间或人工混响的早期反射模式。
- 所使用的立体声传声器技术的类型：间隔式传声器拾音技术产生的声像一般要比重合式传声器技术产生的声像宽。

3.1.2　声学空间和声场

针对被置于立体声声像的每一声源所处的声学环境，工程师可以控制它的其他空间属性，比如感知到的特性、质量和大小等。声学环境或声场可以通过由氛围（房间）传声器拾取的真实声学空间来获得，或者是在缩混期间加入人工混响，从而塑造出虚拟声场。工程师可以对所有声音采用一个共同的混响，或使用各种不同的混响来强调缩混中各个声音元素之间的差异。例如，给人声或独奏乐器加入不同于其他伴奏乐器的混响是十分常见的做法。

空间感：混响衰减特性

衰减时间可能是人工混响器算法中最常见的参量之一。虽然混响衰减时间在真实的声学空间中往往是不可调整的，但一些音乐厅和录音工作室的墙壁和天花板上都有可以转动的声学面板，旋转声学面板可以让不同的吸声材料或反射材料暴露在外，从而可以在一定程度上改变混响衰减时间。

混响衰减时间被定义为直达声停止发声之后声音仍能持续的时间。衰减时间或 RT60 在技术上被定义为一个声音在声源停止发声后衰减 60dB 所需要的时间。对于给定的混响声声级，较长混响时间一般要比较短混响时间具有更强的可闻性。与持续性的稳态声音相比，打击乐器（例如鼓）等发出的瞬态声音能明显地揭示出其衰减时间，这样人们便可以更加清楚地听到其衰减的速率。

有些人工混响算法在衰减过程中加入了调制以产生变化，其实这种做法的目的是希望产生的混响听上去少些人工成分。其原理是，在一个大型空间中，气流的移动和空气温度的微小变化会对声音在房间内的传播方式产生微小的影响。人工混响中的调制可作为模拟这种效果的一种方法。人工混响听起来平滑得不自然，而调制处理可以制造出真实混响的感觉，或至少给人以人工成分没有那么明显的错觉。

声场的空间范围（宽度和纵深度）

声场即可闻声源所在的声学环境，它与声源本身是有区别的。声学环境可以是实际录制音乐的空间环境声，或者可以是利用延时和人工混响建立起的某种人造声学环境。

空间感

空间感是指对录音空间的物理和声学特征的感知。在音乐厅声学环境中，它与包围感有关。我们可以采用空间感（Spaciousness）一词来简单描述录音中对录音空间的感觉。

3.1.3　立体声声像的总体特性

下面介绍的空间属性也被按照音箱重塑立体声声像的总体印象和特性进行了分组归类。立体声声像是指通过音箱对声源进行定位的形象描述。尽管立体声重放只有两只音箱，但是人的双耳听觉系统可以在两只音箱之间的某一位置建立起幻象声源（也称作幻象），是因为它们似乎来自某个并未放置音箱的地方。在这一部分的论述中，更多的是讨论立体声声像的总体质量，而不是讨论那些与具体声源和声场有关的特性。

声道间的相关性和相对极性

尽管民用立体声和多声道还音系统已经相当普及了，但是在此分析单声道的兼容性仍然是十分必要和重要的，其中的主要原因是目前人们还是会使用只有单只扬声器的计算机和移动设备来听音乐。在检查缩混的单声道兼容性时，人们需要去听左、右声道之间相消干涉导致的音色变化。其中最差的情况就是立体声声道出现了反相的问题，这时通过将左、右声道相叠加而得到的单声道就会使缩混出现明显的抵消现象。工程师必须对缩混处理后的每个项目进行检查，以确保立体声缩混的声道中没有反相问题。如果左、右声道的信号一样但极性相反或具有负相关性，那么将左、右声道相叠加后会完全抵消。如果两个声道的信号一样或具有相关性，那么缩混就是单声道声音而非真正的立体声。大部分立体声缩混是一部分单声道成分和一部分立体声成分的组合，或者包含一些相关性成分和零相关性成分。综上所述，可以将左、右声道信号成分间的相关性关系用 −1 ~ +1 的相关度系数来描述。

- 当相关度系数为 +1 时，左、右声道的信号是相同的，且完全由声像置于中间的信号组成。

- 当相关度系数为 0 时，左、右声道的信号是不同的。如上所述，如果这两个声音是由不同的音乐家演奏的，或者是由相同的音乐家进行了两次演奏，那么两个声道在音乐上是同度齐奏，但在音频上是零相关的。

- 当相关度系数为 −1 时，左、右声道的信号除了极性相反或具有负相关性之外，其他完全相同。

虽然相位表提供了一种确定立体声声道相对极性的客观方法，但是如果没有这种仪表的话，则必须依靠自己的耳朵来判断。

有时在立体声录音中，工程师可能会发现用立体声方式录制的单个乐器信号会出现左、右声道极性相反的情况，而且该信号的左、右声道的声像被分别设置在极左和极右位置。如果出现了这样的信号，则立体声总线上的相位表可能不会因此被触发从而给出明确的视觉指示，或者工程师根本没有使用相位表来提供帮助。有时来自电声乐器的立体声线路输出会出现左、右声道极性相反的情况，或者在录音过程中因失误使用了极性接错的线缆。来自电声乐器的立体声输出通常并不是真正的立体声，而是单声道信号。当其中的一路输出与另一路输出极性相反时，如果打算通过声道叠加从而产生单声道信号，这时两个声道就会出现抵消的问题。

两只音箱间的声像空间连续性

出于对空间属性的整体考虑，工程师要考虑两只音箱间的声像连续性和平衡感。理想的立体声声像应是左右平衡的，在中间位置的能量要适中（能量既不能太大也不能过小），且能量并不单独集中在左声道或右声道。在流行音乐和摇滚音乐的混音中，中间位置的成分能量通常会比较强（见图 3.4），这是声像设置在中间的乐器数量及其强度造成的，比如底鼓、军鼓、贝斯和主唱的声像都在中间位置附近。古典音乐和传统声学乐器的音乐录音可能没有如此强的中间声像，并且还有可能出现中间位置能量不足的情况（有时这被称为立体声声像的"中空现象"）。我们所追求的是使声音能量从左至右均匀且连续地散布。

3.2　数字混响的基本结构模块

下面将研究大多数数字混响器采用的两种基本处理方法，分别为延时（Time Delay）和混响（Reverberation）。

3.2.1　延时

尽管延时的概念很简单，但是延时可以作为大量复杂效果的一个基本结构模块。图 3.7 所示是前馈式梳状滤波器框图及增益为 0.5 的框图的脉冲响应。

通过简单地对信号进行延时，并将延时信号与原来的未延时信号相混合，就会产生梳状滤波（延时时间较短，小于 10ms）或回声（延时时间较长）。通过将数以百计的延时信号相加就可以模拟出实际声学空间中的早期反射声模式。通过对延时时间进行调制或令其随时间不断变化，就可以产生合唱与镶边的效果。图 3.8 所示是带有反馈的延时结构框图及其相关脉冲响应。我们可以看到这个后馈式梳状滤波器的延时效果有点像室内声音的延时效果。单个后馈式梳状滤波器的声音听起来不像真实的混响。为了让它听起来像真实的混响，需要并联大量的反馈式梳状滤波器，且设置为略有不同的延时时间和增益量。

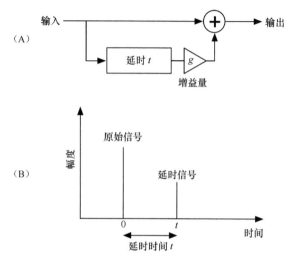

图3.7 前馈式梳状滤波器框图和增益为0.5的框图的脉冲响应。（A）为信号与自身延时信号相结合的框图，也被称为前馈式梳状滤波器框图；（B）为增益为0.5的框图的脉冲响应：一个原始信号（在本例中是一个脉冲信号）和其延时信号，延时信号幅度只有原始信号幅度的1/2

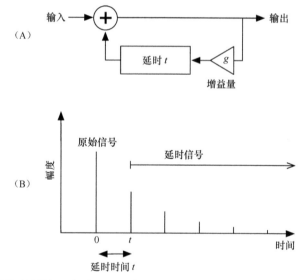

图3.8 后馈式梳状滤波器框图和增益为0.5的框图的脉冲响应。（A）显示了一个信号与自身延时版本相结合的框图，输出端信号被返送回延时输入端，也被称为后馈式梳状滤波器框图；（B）为增益为0.5的框图的脉冲响应：一个信号（在本例中是一个脉冲信号）以及不断重复的延时信号，其中每一个延时信号幅度只有之前信号幅度的1/2

全通滤波器框图如图3.9所示，其本质上是前馈及后馈梳状滤波器的结合。

全通滤波器具有平坦的频率响应，但可以通过设置来产生一个不断衰减的时间响应。

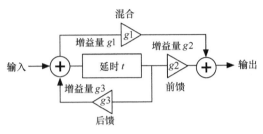

图3.9 全通滤波器框图

全通滤波器具有平坦的频率响应，和它的名字一样，所有频率将全部通过，但可以通过设置来产生一个不断衰减的时间响应。正如下文所述，全通滤波器是数字混响的重要组成部分。

3.2.2 混响

不管混响是在真实的声学空间中产生的，还是人工生成的，它都是录音中塑造空间感、纵深感、整体感和距离感的强有力的效果工具。混响有助于声音的混合，也可以创造出让听音人沉浸其中、有别于周围物理环境的想象空间。

但混响与其他任何类型的音频处理方法一样，也可能在录音环节引发一些问题。混响量过高或延时过长，会破坏直达声的清晰度；而就语音而言，它会直接影响听者对语言内容的理解度。所以必须对混响质量进行优化，使其适合所要录制的作品的艺术风格。

混响和延时在音乐录音中具有非常重要的作用，比如有助于提高录音中乐器和人声的融合度。通过使用混响，我们可以建立一种"多个声源在同一声学空间中演奏"的错觉。通过分层加入额外的混响和延时，可以突出和强调特定的独唱或独奏声音。

通过近距离拾音得到的乐器演奏的声音或歌手的声音，在通过音箱重放出来时，会给人带来一种亲切感，而这些声音通过耳机播放出来，有时会给人带来一种不舒服的感觉。当我们通过耳机听这些近距离拾取到的声音时，会感觉歌手离耳朵很近，而这种声音效果不同于从现场音乐表演中感受到的那样，这会让听音人感到不舒服。音乐会观众一般在离表演者至少几英尺（1ft=0.3048m）远的地方听现场演奏音乐，而这意味着他们所听到的是声源直接辐射来的声音与周围墙壁、地面和天花板反射来的声音的混合。当使用近距离传声器录制表演者的声音时，我们可以在干信号中添加延时或混响，以塑造听众与声源之间更舒适的距离感。

传统的数字混响算法采用延时、全通滤波器和梳状滤波器作为结构模块。即便是最复杂的数字混响算法，也是基于 1962 年由曼弗雷德·施罗德（Manfred Schroeder）发明的第一个数字混响的基本思路形成的。施罗德的原始数字混响算法的框图如图 3.10 所示，其中有 4 个并联的梳状滤波器，它们将信号馈送到两个全通滤波器中。每次信号通过反馈环路后，其电平都会按预置量衰减，因此延时信号的幅度会随着时间的推移而逐渐衰减，如图 3.8 所示。

从最基本的层面来说，传统的人工混响算法就是由带反馈或循环的延时信号合成得到的声音组合。虽然从概念上讲很简单，但目前混响插件设计者们以复杂的方式将大量梳状滤波器和全通滤波器连接在一起，并通过手动调整延时和增益参数来形成逼真的混响衰减。他们还添加了均衡器和滤波器来模拟真实房间中反射的声音，并通过细微的调制来减少重复的反射声模式，这些重复的反射声模式容易吸引我们的注意力，提醒我们这种混响效果是人为创造的。

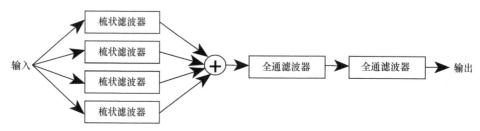

图3.10　曼弗雷德·施罗德（Manfred Schroeder）的原始数字混响算法框图

在图 3.10 中，4 个梳状滤波器并联后再与两个全通滤波器串联，这是现代传统混响算法的基础。

另一种数字混响算法将真实声学空间的脉冲响应与输入的干信号进行卷积。这里不涉及卷积的数学原理，只需要知道，卷积主要是指将一个信号的特征应用到另一个信号中，以此方法将两个信号结合起来。当将一个干信号与一个音乐厅中的脉冲响应进行卷积时，就会产生一个新的信号，这个新的信号听起来就像在一个大型音乐厅里录制这个干信号所得到的声音。基于卷积的硬件混响器在 20 世纪 90 年代中期就已经开始被商用了，而软件类型的这种混响如今也以插件的形式普遍应用于数字音频工作站当中。卷积混响有时被称为"采样"混响或"脉冲"混响，因为一个声学空间的采样或脉冲响应被用来与一个干音频信号进行卷积。尽管可以在时域上进行计算，但是通常在频域内完成的卷积处理速度更贴近实时处理的要求。因此，由卷积混响器产生的混响比使用梳状滤波器和全通滤波器产生的传统数字混响听起来更真实。卷积混响的主要缺点就是使用起来不够灵活，或者说相对于基于梳状滤波器和全通滤波器的数字混响而言，卷积混响的参量控制不够灵活。

在传统的数字混响器中，工程师通常会找到一些可以控制的参量。尽管这些参量会因产品生产厂家的不同而有所变化。其中常见的包括以下几种。

- 混响衰减时间（RT60）
- 延时时间
- 预延时时间
- 对早期反射声模式的一些控制，既可以通过选择预定义的早期反射组合来实现，也可以通过控制各个单独的反射声来实现
- 低通滤波器截止频率
- 高通滤波器截止频率
- 针对不同频带衰减时间的系数倍增器
- 门处理—阈值、起动时间、保持时间、恢复时间或衰减时间、电平衰减幅度

尽管大多数数字混响算法利用的是真实空间声学的简化模型，但是它们被广泛应用于录音中，帮助工程师增强录音的声学空间感，或者用来建立起原始录音环境中并不存在的空间感。

3.2.3　混响衰减时间

混响时间被定义为声源停止发声后，其能量衰减 60dB 所用的时间，一般将其称为 RT60。赛宾（W.C.Sabine）提出的真实空间内 RT60 的计算公式（霍华德和安格斯，2006），即赛宾公式（Sabine equation）如下。

$$RT60_{\alpha<0.3} = 0.161 \times \frac{V}{S\alpha}$$

V 代表容积，单位为 m^3 ；S 代表给定类型表面材料的面积，单位为 m^2 ；α 代表对应表面的吸声系数。

由于即使 α 等于 1(所有表面均是 100% 的吸声)，RT60 还是大于 0 的值，所以赛宾公式只有在 $\alpha<0.3$ 时才成立。换句话说，赛宾公式的不足之处在于，人们仍然可以利用这个公式计算出消声室的混响时间大于 0，即使这时声学测量已经测不出有混响了。诺里斯 - 埃润（Norris-Eyring）对该公式做了微小的修正，以使其能适用于更大范围的数值（霍华德和安格斯，2006）：

$$RT60 = \frac{-0.161 \times V}{S \times \ln(1-\alpha)}$$

V 代表容积，单位为 m^3 ；S 代表给定类型表面材料的面积，单位为 m^2 ；ln 代表自然对数；α 代表对应表面的吸声系数。

这有助于工程师对各种衰减时长的声音形成一种直观的感受。衰减时间为 2s 的声音效果与衰减时间小于 1s 的声音效果有很大差异。

3.2.4　延时时间

我们可以将直接延时信号（没有反馈或循环）与干信号混合在一起来营造一种空间感，以此来补充或替代混响。对于较短的延时时间（25 ~ 35ms），人类的听觉系统倾向于将直达声与延时声混合在一起，对组合声源的位置判断取决于第一个到达的直达声的位置。赫尔穆特·哈斯（Helmut Haas）发现，在语言信号中加入的单一反射信号与干声信号在感知上是融合的，除非反射信号在干声信号达到 25 ~ 35ms 之后才到达，这时延时的声音会被听成是回声或单独的声音。这种现象被称为领先效应、哈斯效应或者第一波前定律。

当把一个信号与其自身延时信号相加起来，且延时时间大于 25 ~ 35ms 时，我们听到的延时信号是直达声的独立回声。产生独立回声所需的延时时间取决于被延时的音频信号属性。瞬态的声音信号产生分立回声所需的延时时间较短(小于 30ms)，而持续的稳态信号则需要更长的延时时间（大于 50ms）才能建立起可闻的回声。

3.2.5　预延时时间

一般将预延时时间定义为直达声与混响起始时刻之间的时间间隔。即使衰减时间很短，预延时时间也能为人营造出较大空间的感觉。在声源与听音人之间没有物理障碍物的真实声学空间中，直达声与反射声的到达时间之间总是会有一个时间较短的延时。这一初始延时越长，感知到的空间就越大。

3.2.6　数字混响预设

不论是插件形式还是硬件形式，当前应用的大多数数字混响单元能提供数百种或更多的混响预设。刚入门的工程师可能不会立刻看出来一款混响插件或硬件混响器中一般只有几个独一无二的混响算法。而那些混响预设仅仅在同一算法下，通过变换参数而提供不同的参量设置。不同混响预设都有各自的名称，这些名称反映了混响的空间类型或可能的应用场合，如大型音乐厅、明亮的歌唱声、录音棚的鼓声或剧院环境等。采用给定类型算法的所有混响预设表现出的是相同类型的处理，如果每一种预设的参数是一致的，则声音听上去也是相同的。

工程师要调整许多参数来为每一种应用场合创建最合适的混响，所以较为有效的做法是任意选择一个混响预设，然后仔细调整各个参数，而不是试图寻找一个完美预设而不做任何调整。在缩混过程中，尝试为每种乐器和人声找到合适的预设方法有一个明显缺陷，即所谓"合适的"预设可能根本不存在。或者，如果确实有某些接近要求的预设，也很可能需要工程师对其参数进行二次调整。因此，为什么不直接从调整参数开始呢？工程师可以从任何预设开始，并花时间编辑调整这些参数，使之符合缩混的要求，这样做效率更高。在编辑参数的过程中，工程师还可以掌握不同混响的性能及每个参数变化所带来的音质变化。在编辑一种不熟悉的混响参数时，将参数调整到它们的极限值可以使你听到这些参数对声音的贡献，之后你就可以设置所需要的各种混响参数了。

另外，可以通过学习厂家预设参数来了解更多关于混响算法的功能。尽管从无穷无尽的预设列表中进行搜索不是一种最有效的用法，但在工作之余，仔细聆听各种预设的声音效果，对缩混处理还是很有帮助的。

3.3 多声道音频的混响

从实用的角度来看，我的非正式研究和听音经验似乎表明：一般来说，当清晰度保持在一个可被接受的范围内时，多声道录音中允许使用的混响量要比双声道立体声录音中允许使用的混响量更大一些。虽然这一结论需要更加正式的实验加以验证，但是可以利用众所周知的空间掩蔽理论进行有意义的推断。正如前文所说，两个声源在空间上的距离会削弱它们位于同一位置时发生的掩蔽效果［基德（Kidd）等人，1998；萨贝里（Saberi）等人，1991］。不论是相互之间有距离的多个真实声源，还是声像散布在多声道音箱阵列中的若干虚拟声源，这种空间掩蔽效应的效果似乎是一致的。很显然，相比于双声道立体声，多声道音频中的声音可以分布在更大的空间中，所以混响掩蔽直达声的概率较小，因此多声道音频中可以含有更大的混响成分。可以说，混响在多声道混音中越来越重要，因为多声道音频在重塑虚拟声学空间中声音的沉浸感方面比双声道立体声具有了更多的可能性。我们可以从系统的训练方法中获益，学会用耳朵来匹配人工混响的参数设定，并进一步提升听音人对音箱重放声音的微小细节进行一致性判断的能力。

相对于双声道立体声重放而言，用于多声道重放的声音也在建立细小和富有包围感的声像方面面临着新的挑战。采用 ITU-R BS.775（ITU-R，1994）标准进行多声道音频重放的音箱布局所带来的困难之一就是，音箱侧面存在较大的空间（前后音箱之间有 80°～90°的间隔，见图 1.4）。由于音箱间距和双耳声音定位能力属性方面的原因，侧面声像一般都不会很稳定。进一步而言，制作出能够把前、后方声像连接起来的幻象声源是一项具有挑战性的工作。混响有助于在音箱之间的空间上建立起幻象声像。

3.4 软件训练模块

"技术性听觉训练—混响"模块和其他练习模块都可以在下列网站上找到：https://exl.ptpress.cn:8442/ex/1/c5058646。

我设计了相关的软件训练模块，用于聆听人工数字混响的微小细节和参数。虽然这款软件并非专注于培养我们对真实室内声学环境的感知能力，但我们可以通过这款软件提高识别混响衰减时间、回声、反射声和声源定位的能力，当在数字混响方面的听辨能力提高后，这种能力会被转移到真实的室内声学上进行使用。

　　如前所述，在施罗德（Schroeder）提出的混响算法基础上，大多数传统的数字混响算法是基于梳状滤波器和全通滤波器的不同组合来实现的。虽然这些算法计算效率高，并提供了许多可控参量，但它们只是尽可能模仿声音在真实房间中的传播特性。混响尾音不是体现真实空间声音特征的物理模型。如今，将给定的人工混响算法的混响衰减时间（RT60）与真实房间的声音衰减时间紧密联系在一起的方法还不是十分明确。例如，如果将各种人工混响插件设置为相同的混响衰减时间，我们可能会听到大致相同的衰减时间，但混响尾音的其他属性可能听起来有所不同，比如立体声散布方式或衰减的形状。3 个不同混响插件的脉冲响应如图 3.11 所示，它们被设置为尽可能相同的参数，但带有 3 个明显不同的衰减模式。混响插件并不共享相同的可控参数组合，因此对于两个不同的插件，不可能进行一模一样的设置。

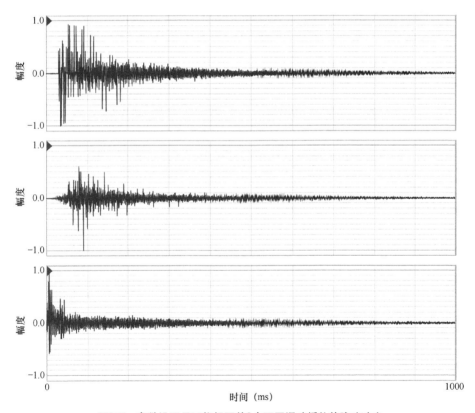

图3.11　参数设置尽可能相同的3个不同混响插件的脉冲响应

在图 3.11 中，混响衰减时间为 2.0s；预延时时间为 0ms；房间类型为大厅（hall）。从这 3 个脉冲响应中，可以看到它们的衰减模式不同，更重要的是，这些衰减听起来也明显不同。有趣的是，根据 FuzzMeasure 音频测试和测量软件测量的结果，3 个脉冲响应的衰减时间都接近 2.0s。

混响参数设置在各个数字混响算法中听起来并不完全一致，因为有许多不同的混响算法及数以千计的声学空间可以被建模。这就是为什么不同的混响模型值得人们去探索的原因之一，人们可以通过各种不同的尝试为录音项目找到最适合的混响模型。这里有数百种不同质量层次的选项，这些选项可以满足不同音乐作品艺术风格的需要。混响是可供录音工程师使用的强有力的声音处理工具，录音师利用它可以在缩混时为拾取的声音建立起真实声学空间的听觉印象。

正如识别频谱共振一样（使用均衡器），提高对人工混响的感知能力同样十分重要。至少有一位研究者已经证明了听音人是可以"学习或认知"给定空间的混响的 [希恩 - 坎宁安（Shinn-Cunningham），2000]。训练听音人识别声音空间属性的其他相关工作也在进行中。内尔等人（Neher，2003）公布了一种训练听音人使用语言描述符去识别空间属性的方法，以此来进行空间音质的评估。其他研究人员已经使用了图形化评估工具来描述重放声音的空间属性 [如福特（Ford）等人，2003；厄舍（Usher）和沃斯泽克（Woszczyk），2003]。

这款练习软件的优势在于，它是通过耳朵听音来比较一个空间和另一空间的差异的，而不需要将听觉感知转换成其他感官形式或表达形式，比如绘制一幅图像或选择一个词语。利用这一软件，你可以在给定的一组人工混响参数中只利用听觉系统来比较和匹配两个声音场景。因此，这里并不存在不同感官及不同沟通方法间的同构映射问题。另外，这种方法还具有生态学上的有效性，因为它模拟了音频工程师在录音中利用耳朵而非通过图表和文字来塑造声音形象的过程。

3.5 软件说明

3.5.1 软件训练模块

软件训练模块（Technical Ear Trainer-Reverb）是为听音练习而提供的。计算机随机生成练习题目，并给出针对练习的困难度选择和参数选择。其使用的方法与第 2 章介绍的 EQ 模块的使用方法相同。

3.5.2　声源

建议读者从简单的、瞬态或脉冲声源开始练习，比如打击乐器声（推荐单一军鼓的打击声），然后再进行更为复杂的声音练习，比如语言录音和音乐录音。就像使用粉红噪声进行均衡技术性听觉训练的理由一样，这些简单的、瞬态或脉冲声源可以更好地呈现出频谱的变化，所以建议读者使用这些声源进行基于时间的效果处理训练。混响衰减时间在瞬态声源中比在稳态声源中更容易被人听出来，稳态声源往往会遮蔽混响或与混响混合在一起，使我们难以进行判断。

3.5.3　用户界面

图 3.12 所示的是图形用户界面（GUI），它为听音训练者提供了与该系统进行交互所需的控制界面。

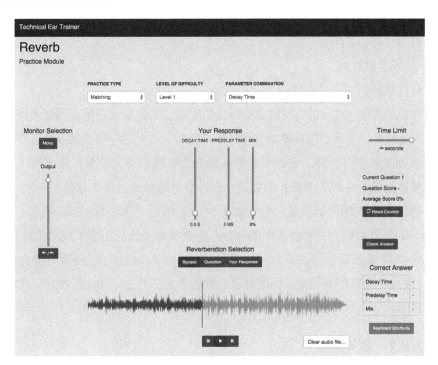

图3.12　为混响训练而设计的图形用户界面的屏幕截图

利用图形用户界面可以进行以下操作。

- 选择练习的难度
- 选择工作的参数
- 选择声音文件
- 调整混响参量
- 在参考声与你的答案间进行切换比较
- 控制声音输出的整体电平
- 提交问题的答案，并切换到下一题

图形用户界面还可以保持对当前问题的跟踪，并给出此时的平均得分，它也可以提供当前问题的得分和正确答案。

3.6 开始听音实践训练

训练课程涵盖了数字混响单元中最常见的几个参量，具体包含如下参量。

- 延时时间
- 混响衰减时间
- 预延时时间
- 混响电平（在混音作品中）

与 EQ 模块一样，该模块练习和测试的主要目的是复制出听到的参考声音场景的声音效果，并将你的答案与参考声进行比较，以此进行相应的参数改变，直到两者听起来完全一样。根据难度等级和你所选择的测试参量，该软件将随机选取参量数值，并要求听音人通过调整相应参量的数值，使之与参考声最匹配，以此确认参考声的混响参量。你可以通过分别单击"Question"选项和"Your Response"选项的方式在参考问题与自己的答案之间进行切换（见图3.12）。一旦两个声音场景匹配了，你就可以单击"Check Answer"或者单击键盘上的 Enter 键来提交自己的答案，同时查看正确的答案。单击"Next"按钮，选择下一个问题。

3.6.1 延时时间

延时时间的范围为 0ms ~ 200ms，初始的调整步进值为 40ms，当难度提高时，步进值变为 10ms。

3.6.2 混响衰减时间

混响衰减时间的范围为 0.5s ~ 2.5s，初始的调整步进值为 1.5s，当难度提高时，步进值变为 0.25s。

3.6.3 预延时时间

预延时时间是直达声（干声）与早期反射声和混响声起始时刻之间的时间间隔。预延时时间的范围为 0ms ~ 200ms，初始的步进值为 40ms，可以将步进值减至 10ms。

3.6.4 混合电平

在将混响声与拾取的声音相混合时，混响的混合比例通常是在调音台或数字音频工作站以辅助返回信号的方式进行调整的。该练习软件可以让使用者练习混响声的各种"混合（Mix）"电平比例设置。100% 的混合电平意味着在算法的输出中不含有直达声（未经处理的）信号，而 50% 的混合电平则表示输出中处理声音与未处理声音的比例相等。难度最低时的混合电平数值的变化步进值是 25%，可以逐步将步进值减小到 5%，其变化的范围是 0% ~ 100%。

3.7 Mid-Side 矩阵

数学家米歇尔·盖尔（Michael Gerzon，1986，1994）提出了立体声录音矩阵化和信号交叉处理的数学表达式，以此来提高和重新平衡缩混中的相关成分和零相关成分。由于他所提出的这种技术可以通过提取出不可闻的声像成分来帮助分析和解构录音，所以这种技术非常有助于技术性听觉训练。

通过将立体声 M-S（中间 - 侧向）传声器技术的原理应用到立体声录音中，我们可以对录音进行重新平衡，并从中了解更多录音中所使用的技术。尽管这种处理的名词源于特定的立体声传声器技术，但实际上任何的立体声录音都可以通过后期处理，将左、右声道转换成中间（M）声道和侧向（S）声道，或合计分量与差分分量，不管使用了何种缩混或传声器技术。

在图 3.13 中，将左、右两边的立体声信号转换到中间部分（左边立体声与右边立体声叠加，即 L+R）及侧边部分（左边立体声与右边立体声相减，即 L-R），最后混合到左声道和右声道。这两个图的结果是等效的信号处理。图 3.13(A) 显示的是一个基本框图，图 3.13(B) 显示的是一种在调音台中处理信号的方式，以达到与图 3.13(A) 一样的效果。在图 3.13 中，图中的虚线和实线都代表音频信号流，使用虚线只是为了让信号流向看起来更清晰。点线表示推子分组。

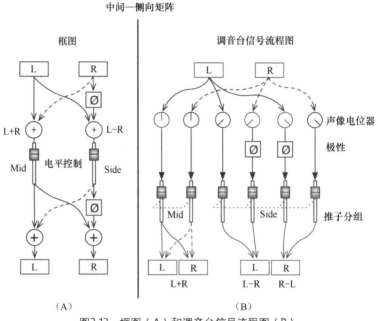

图3.13　框图（A）和调音台信号流程图（B）

母带工程师有时会将立体声录音分解成 M 和 S 两种分量进行处理，然后将它们转换回 L 和 R 声道信号。虽然有一些插件可以自动将 L 和 R 声道信号转换成 M 和 S 信号，但这个操作过程其实非常简单。可以将 L 和 R 声道信号相加来得出中间信号 M 分量或合计分量。在实际操作中，可以通过将两个音频声道上的推子推起，同时将其声像电位器置于中间来实现。为了得到侧向或差分声道，可以将 L 信号和 R 信号发送到另外两组通道中。将其中一组的声像电位器置于极左位置，并且将 L 声道反相，将另外一组 L 和 R 声道的声像电位器置于极右位置，并将 R 声道反相。具体的信号分配细节如图 3.13 所示。现在信号已经被分离成 M 和 S 信号，下面就可以简单地对这些成分进行重新平衡，或者单独对其进行处理。S 信号代表的是满足如下任一个条件的信号成分。

- 只存在于 L 声道或只存在于 R 声道。
- L 声道相对于 R 声道是反相的。

3.7.1　中间分量或合计分量

中间分量信号代表的是在立体声缩混中在 L 声道和 R 声道两个声道间不反相的所有成分，也就是说，两个声道共有的声音成分，或者只在一侧出现的声音成分。从图 3.13 的框图和调音台信号流程图中可以看出，M 成分是由 L+R 得到的。

3.7.2　侧向分量或差分分量

侧向分量是由 L 声道信号减去 R 声道信号推导出来的，即 S=L-R。如果 L 和 R 的内容完全相同，则信号完全抵消了，无法形成 S 成分。换句话说，在缩混中任何被声像电位器置于中间的信号都将从 S 信号中被抵消掉。任何具有相反极性成分的立体声信号，以及任何被声像电位器置于左边或右边（部分或全部）的信号，都会形成 S 信号。

3.7.3　练习：听辨 Mid-Side（中间 - 侧向）处理

实践练习模块 "Technical Ear Trainer—Mid-Side" 提供了听评任何立体声录音（AIFF 或 WAV 文件格式）中间和侧向成分的简单方法，如果对音频进行了重新的平衡还可以用它来听平衡后的声音效果。通过将立体声缩混信号（L 声道信号和 R 声道信号）转换成 M 和 S 信号，我们有时可以听到标准 L/R 格式中可能被掩盖的缩混元素。除了能更好地听到立体声混响之外（假设这些混响不是单声道格式），有时候它会让其他一些人为处理的痕迹变得明显。当只听 S 成分时，诸如插入补录点 / 编辑点、失真、动态范围压缩和推子的电平变化等人为的处理听起来都会变得更加明显。许多立体声混音作品中间的成分都比较多，因此当只听 S 成分时，所有被声像电位器置于中间部分的信息也就没有了。模拟磁带录音中由于插入录音 / 编辑所带来的问题会通过单独听 S 成分而表现得更为明显。

通过将立体声混音分解为 M 和 S 成分，由感知编码过程（如 MP3、AAC、Ogg Vorbis）所产生的人为噪声就变得明显。尽管这些人为噪声大部分可以被比特率足够高的立体声音频信号掩蔽，但如果将 M 成分去除，人为噪声就比较容易被听到了。在此软件中，中间的模块有一个滑动条，可以让我们从只能听到中间 M 信号的状态，逐渐过渡到可以听到中间分量和侧向分量均匀混合的信号（即原始立体声声像的信号）的状态，接着只能听到 S 成分，侧向分量通过路径进入到左声道，复制并反相的侧向成分（S 成分）进入右声道。因此，通过听辨 100% 的侧向分量，就听到了相关度为 −1 的情况，原因是这时左声道重放的是原始的侧向分量信号，而右声道重放的是反相的侧向分量信号。

总结

本章介绍了声音的空间属性，重点讨论了混响和 M-S 矩阵处理等问题。空间属性软件训练模块的目标是让听音人系统地熟悉人工混响、延时和声像处理等效果，通过听觉感知来比较两个音频场景。听音人可以将人工混响的一个或多个参数与软件随机选择的参考基准进行匹配。在练习中，可以先以打击乐器的声音为声源，以较粗略的步进值来进行不同参数值设定间的比较，然后过渡到利用稳态的音乐录音和较精细的步进值来进行不同参数值设定间的比较。通过练习，你会发现非常微小的参数变化就会给最终缩混作品的纵深感、融合度、空间感和清晰度带来明显的影响。

第4章

动态范围控制

　　本章将讨论电平控制和动态处理。为了提高读者的听评能力，下面将介绍一些关于动态处理器的理论知识。

　　缩混平衡对艺术家的音乐表现有着直接的影响。如果缩混作品中的一个或多个元素声音电平太大或太小，听者可能无法听到音乐中的某个声部，或者听音人可能会认为这个缩混作品的重点在其他地方而忽略了艺术家本身的创作意图。取得合适的乐队平衡是表现艺术家音乐创作理念的根本。指挥家和作曲家深知如何为每次演出和每个作品找到乐器间最佳的平衡点。如果乐队的某一乐器声部的响度不能达到足以被听清楚的程度，欣赏者就不会全面领悟音乐作品的内涵。音乐作品整体的平衡取决于对乐队中各个人声声部和各个乐器声部的声音幅度控制。

　　在用点传声器拾取多轨信号并对这些多轨信号进行缩混时，工程师可以对音乐的平衡，即音乐的表现力进行直接控制。在进行多轨缩混时，我们可能需要连续调整某些乐器或人声的信号电平，从而使整个作品从头至尾听起来都比较平衡。我们既可以通过绘制推子的自动化曲线来手动完成这一点，也可以通过动态处理器来自动实现这一点，或者将这两种方法结合起来使用。

　　动态范围描述的是音频信号中最响与最弱电平的差异。如果传声器信号的动态范围对某类音乐来说过宽，那么我们可以随着音乐的播放不断调整推子的电平以弥补信号电平上的变化，进而维持感知响度的一致性。我们既可以手动提升安静段落的电平，也可以手动使响度较大段落的电平衰减，这样就可以通过调整推子电平来手动进行动态范围的压缩。动态范围控制器（如压缩器 / 限制器和扩展器 / 噪声门）可根据音频信号的电平来自动调整电平值。它既可以应用于某一声轨，也可应用于整个缩混。

有些声音信号具有较宽的动态范围，而有些声音信号的动态范围相对比较窄。失真吉他的声音信号的动态范围通常较小，原因是失真是限制信号幅度而出现的结果，并且在进行限制操作时使用了非常短的起动时间和释放时间。另外，对主唱进行近距离拾音时，主唱的声音具有极宽的动态范围。极端情况下，在一首歌曲中，歌手歌声的动态范围可以从大声嘶喊变为耳边的窃窃私语。如果歌手声音信号所处声轨的推子被设定在某一位置，并且在整首乐曲中没有采取任何压缩或其他电平变化措施，那么就可能会出现某一时刻歌手的声音太响，而某一时刻声音又太弱的现象。当歌手的声音音量太高，听音人会感觉不舒服，工程师就会把整个缩混的音量调低。反之也会有这样的情况，歌手的声音太弱，以至于人们很难听清楚他唱的是什么，从而让欣赏者对这种音乐体验感到不满意。对于像流行歌手的歌声这样的声源，除非演唱者有意在一个较窄的动态范围内演唱，否则在不压缩动态范围的情况下，为这样的声源找到一个令人满意的静态推子电平几乎是不可能的。对宽动态范围信号进行补偿的一种做法就是对歌手演唱的每句歌词或乐句进行手动电平调整。尽管有些声轨需要工程师对推子电平进行细微的手动控制，但压缩的使用有助于取得一致的、清晰的、满足音乐要求的平衡效果，尤其是对于动态范围大的声轨信号而言更是如此。

在流行音乐录音中，具有高度一致性的乐器和人声电平比动态范围宽的电平能更有效地传达艺术家的音乐情感。大多数流行音乐录音的动态范围非常有限，然而，宽动态范围所产生的对比对于传达音乐情感而言仍然至关重要，尤其对于声学类音乐（乐器）而言。它引发了这样一个问题：如果人声声轨的电平被调整成强音（fortissimo）段落与弱音（pianissimo）段落在一样的响度上，那么听音人如何才能听到动态对比呢？在回答这个问题之前，我们应该意识到电平控制在某种程度上是取决于音乐风格的。例如，古典音乐录音通常不能从控制程度较高的动态范围中获益，因为听众希望在古典音乐中听到动态范围的变化，而太多的动态范围控制会使它听起来处理过度。尽管诸如失真、限制、均衡和延时等人为信号处理的衍生效果通常是流行音乐、摇滚音乐和电子音乐（例如布莱恩·伊诺将录音棚看作一种乐器）中不可或缺的一部分，但在古典音乐的录制中，应尽量避免任何处理。古典音乐录音不应该听起来像录制过的声音，而应该具有音乐厅声学效果。对于其他风格的音乐的录制，至少需要一定量的动态范围控制。特别是对流行音乐、摇滚音乐和电子音乐的录制而言，有限的动态范围在一定程度上会让整体录音响度更高。

值得庆幸的是，即使存在极端的动态范围控制，听音人仍然可以感知动态范围的变化，原因之一是音色在安静的声音和响亮的声音之间会发生变化。从声学测量中可知，几乎对于所有的乐器（对于人声也是）而言，随着动态声级由静到响，高频谐波的数量和强度均会明显增加。因此，即使声乐表演的动态范围被压缩很多，听音人仍然能感知到声音音色的变化所带来的动态范围。

然而，过度使用压缩和限制会使音乐表演显得毫无生机。由于采用过多的压缩和限制处理，音质可能产生相当大程度的损坏，所以需要认真对待压缩与限制的使用。一旦录制了带有压缩处理的声轨，那么就没有办法将这一效果去除了。虽然像互补峰 / 谷均衡这类音频处理可以通过使用相同的均衡参量和相反的增益设定来恢复声音原有的状态，但是压缩和限制并不具有这种灵活性。

压缩器的作用是幅度调制，这种调制取决于音频信号的振幅包络，并且会同时改变这个包络。压缩处理其实就是简单的增益衰减，这个增益衰减由于信号电平的变化而随时间不断改变，而增益衰减的量取决于门限值和压缩比的设置。由于施加于信号之上的增益衰减量与幅度相关，且施加于信号上的增益随时间变化而变化，所以压缩和扩展是一种非线性的处理过程。

像压缩、限制、扩展和门处理这样的动态处理均能以一种特有的、时变的方式成为修饰和塑形声音的方法。之所以说它是时变的，是因为当原始信号电平随时间而发生变化时，增益衰减量也会随着时间的变化而变化。在缩混过程中，动态范围控制不仅可以使音频信号的电平变得更平滑，而且具有类似黏合剂的作用，这样有助于增强缩混中各个声部的融合性和凝聚力。

4.1　动态处理器中的信号检测

动态处理器的工作针对的参量通常是以 dB（分贝）为度量单位的信号电平。

以 dB 来度量电平的首要原因是 dB 采用的是对数刻度，这种刻度方法与人听觉系统对响度的感知是类似的。因此，以 dB 作为度量单位似乎与人们对声音的感知有关。采用 dB 作为度量单位的第 2 个主要原因是这样便于度量可闻声音的声级范围。例如，人的听力范围从听阈 0.000 02Pa 一直延伸到听阈 20Pa，两者之间相差了 100 万倍。Pa（帕斯卡）是一个压力单位，用来测量单位面积上所受到的力。如果将这一变化范围转化为 dB 来表示，那么就变成了 0 ~ 120dB 的声压级（Sound Pressure Level，SPL）区间，这样表示更方便和有意义。

要想控制某一声轨的电平，压缩器就需要采用一些方法来检测和指示出音频信号的幅度。虽然有许多种方法可以测量信号电平，但是所有方法都是基于两种常用的音频信号电平表示方法——峰值电平和 RMS 电平（它表示的是均方根值，Root-Mean-Square）。峰值电平就是简单地显示任意给定时间内信号的最大幅度值。峰值电平指示仪表在数字录音机（硬件或软件）上的应用很普遍，因为通过它可以精确看到信号离数字削波点有多近。

虽然 RMS 电平有点像平均信号电平，但是它并不是数学意义上的平均。对于音频信号而言，它的电压是在正、负值之间发生变化的，其数学平均计算给不出任何有用的信息，因为这一平均值始终处在零值附近。并且，RMS 电平非常有用，它对信号进行平方，再采用一些预定的时间窗来进行平均之后求其平方根。对于正弦音而言，RMS 电平的计算较为容易，因为其总是比峰值电平低 3dB 或是峰值的 70.7%。对于像音乐或语言这样较为复杂的音频信号，RMS 电平必须通过对信号直接进行测量才能得出，它不能简单地用峰值电平减去 3dB 算出来。尽管 RMS 电平和平均信号电平在数学意义上并不一样，但是 RMS 电平可以被认为是一种类型的信号平均，因此我们会交替使用 RMS 电平和平均信号电平这两个术语。VU（Volume Unit，音量单位）表给出了正弦音信号的 RMS 电平值，并近似给出了工程师在录音和混音中会遇到的更复杂信号的 RMS 电平。图 4.1、图 4.2、图 4.3 分别示出了 3 种不同信号的峰值、RMS 电平及波峰因数电平。

动态范围可能对音乐录音的响度有明显的影响。响度一词描述的是听觉所感知到的声级，而非物理测量到的声压级。有许多因素都对人耳感知到的声音响度有影响，比如功率谱和波峰因数（峰值电平与 RMS 电平之比）。假如拿来两段具有同样峰值电平的音乐录音，其中波峰因数较小的一段音乐录音一般听上去会更响一些，因为它的 RMS 电平较高。在判断声音的响度时，人耳更多的是对平均电平而非对峰值电平做出响应。

　　通过两级处理进行的动态范围压缩可以提高平均电平，即首先降低峰值电平的增益，紧接着再进行线性的增益输出提升，后面这种处理方式也被称为增益补偿（makeup gain）。使用压缩器和限制器降低音频信号声音最响的部分，然后使用线性增益级将整个音频信号的电平提升回来。压缩后的线性增益级通常被称为增益补偿，因为它弥补了峰值电平的下降值。一些压缩器和限制器在输出阶段采用自动增益补偿，这样声音中响度较大的部分虽然被降低了增益，但又被拉回到大致与原先相同的水平。增益补偿会提升整个信号的电平（安静部分和响亮部分的电平），所以如果将音频峰值电平调整成与它们被压缩之前的电平相一致，实质上则是在提升更安静音频部分的电平。压缩和限制的处理降低了音频信号的波峰因数，而增益补偿被用来将峰值电平恢复到原有的电平，当然 RMS 电平也会随之提高，从而使得信号听上去比原来更响。

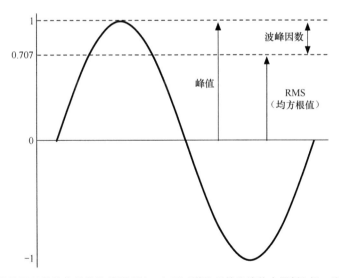

图4.1　正弦波的RMS值始终是峰值的70.7%，也可以说RMS值比峰值电平低3dB。这一结论只对正弦波成立。波峰因数表示的是峰值和RMS电平间的差异，通常以dB来度量。因此，正弦波的波峰因数为3dB

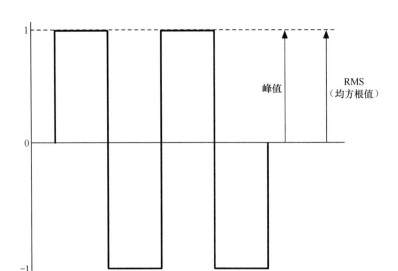

图4.2　方波的峰值和RMS值电平相同，所以波峰因数为0

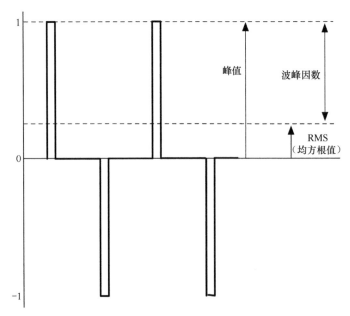

图4.3　脉冲波与方波类似，只是信号在峰值电平的持续时间短一些。脉冲的时间长度决定RMS电平的数值。脉冲越短，RMS电平越低，波峰因数越大。图4.3所示的RMS电平是大概值

　　因此，通过压缩和限制来降低波峰因数的方法可以保证即便峰值电平不变也能让声音的响度提高。初学者可能会尝试通过将录制音频信号进行归一化处理（normalize）来提高声音的响度。归一化处理是这样一种处理方法：音频编辑程

序对音频信号先进行扫描，找出其中整段音频的最高信号电平，计算出音频信号的峰值电平与最高可录电平（0dBFS）之间相差的分贝数，然后利用这个分贝差提升整段音频的电平，使峰值电平达到 0dBFS。如果峰值电平比 0dBFS 低 2 ~ 3dB，通过对音频信号进行归一化处理，最多只能得到几分贝的增益提升。这就是为什么对声音文件进行归一化处理不一定会使录音的响度明显提高的原因之一。使归一化处理后的信号声音明显变响的唯一方法是，通过压缩和限制来提高 RMS 电平并降低波峰因数。

需要说明的是，对缩混进行归一化处理不一定是个好方法，因为即使原始采样点峰值仅为 0dBFS，在回放时过采样的情况下，出现在相邻采样点之间的峰值（采样点间的峰值）实际上可能会超过 0dBFS，并会产生削波。许多母带工程师建议在 0dBFS 以下至少保持几分贝的余量。

除了掌握如何识别动态范围压缩处理产生的人为效果（artifacts）外，重要的还要学会如何识别增益的静态变化。如果录音的整体电平提高了，那么重要的是要能识别出增益变化的分贝数。

4.2　压缩器 / 限制器和扩展器 / 噪声门

为了减小录音的动态范围，工程师经常使用压缩器和限制器来进行动态处理。一般而言，一旦信号达到或超过门限电平，压缩器或限制器就会使信号电平衰减。

压缩器和扩展器属于自适应的一组声处理效果，也就是说处理的量和类型是取决于信号自身的一些成分（Verfaille 等人，2006）。在使用压缩器和限制器的情况下，应用于信号的增益衰减量取决于信号本身的电平或被称为旁链（side-chain）或键输入信号（key input）的副通路信号。对于像均衡和混响这种类型的处理，不论输入信号的特性如何，处理的类型、处理量或处理质量都是相同的。由于依赖于信号属性的处理器在信号发生变化时会改变信号，因此很难识别相关处理。有时压缩很难被准确听出来，因为在信号电平增加的同时，增益衰减了。增益的任何变化都是与音频信号本身的变化同步产生的，并且有时实际信号会掩蔽这些变化，或者我们的听觉系统会将其假定为原始信号的一部分（压缩的情况）。

所谓的"前瞻性"限制器（look ahead limiter）有时被用于广播中，它可以非常有效地检测和衰减峰值，因为这些限制器对一定数量的传入信号进行了延时，以便在"危险"峰值到来之前进行增益衰减。在没有接收到原始信号的情况下，听音人无法确切地知晓信号在压缩之前是如何进行动态变化的。因此，仔细聆听在起动时间和释放时间中产生的不良声音效果或"人为痕迹"有助于识别压缩处理。

或者说，有一些与信号相关的处理变化是十分明显的。在比特率较低时，会产生与信号相关的量化误差（这种现象在被作为一种创造性工具使用时，也被称为"比特破坏器"），这种失真（误差）将受到信号幅度的调制，因此这种失真（误差）更加明显（将在 5.2 节中进行讨论）。

其他形式的动态处理通过衰减录音中较低幅度部分来提高录音的动态范围。这些类型的处理器常常是指扩展器或噪声门。与压缩器相比，扩展器是当信号处于门限之下时衰减信号的电平。在对流行音乐和摇滚音乐中的架子鼓声进行缩混时，扩展器的使用十分普遍。虽然对架子鼓中每件乐器的声音的拾音一般采取近距离拾音的方法，但还是会有一部分来自邻近鼓乐器的声音"串音泄漏"到每支传声器当中。为了减小这些串音，可以使用扩展器或噪声门来衰减鼓乐器敲击间隙的传声器信号。

有许多不同类型的压缩器和限制器，每种型号的产品都具有自己独特的"声音韵味"。这种标志性声音特点是与许多因素有关的，比如用于确定输入音频信号电平的信号检测电路或算法，以及是否根据这种算法启动动态处理，如何根据设定的参数进行处理。每个压缩器的起动时间和释放时间曲线也会使压缩器产生独特的声音。在模拟设备中，音频信号处理链路上的实际元器件和供电方式也会影响音频信号。在压缩器中，一般有很多可控参量。其中包括压缩门限、压缩比、起动时间、释放时间和拐点等。

根据传统的声音合成理论，本书以 4 个主要属性来描述合成声音的振幅包络：起动（音头）、衰减、维持（延音）和释放（释音），简称为 ADSR（一般 ADSR 振幅包络如图 4.4（A）所示）。"起动（音头）"是指音符响度开始提升的部分，从零幅度（静音）提升到峰值幅度。声学乐器有各自的起动时间，这可以根据演奏者的不同而有所不同。有些乐器的起动速度快或提升幅度快（如钢琴或打击乐器），而有些乐器的起动速度稍慢（如小提琴或大提琴）。对于乐器或合成声音而言，"起动"一词指的是一个音符的开始或幅度上的快速提升；在压缩器上，"起动时间"指的是信号上升一旦超过了设定的门限电平后多长时间触发幅度减小。同样地，当音符淡出时，音符"衰减"或"释放"，以及压缩器的"释放"均表示相反的电平变化。实际上，扩展器上声音的起动时间与一个音符的起动时间更相近，因为它是一种上升的幅度变化。

　　在接下来的章节中，将讨论音符初始时刻的"起动"以及压缩器的"起动时间"、乐器的"衰减"、音符的"释放"及压缩器的"释放时间"。一组术语与声源有关（音符的建立、衰减、释放），另一组术语与应用于声源的处理器结果有关（压缩器起动时间、释放时间）。

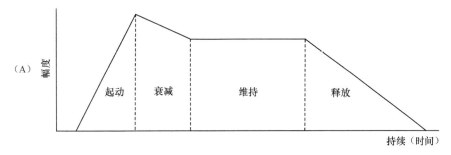

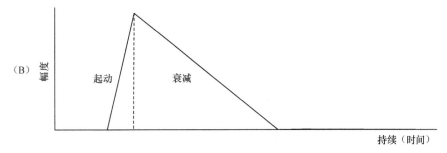

图4.4　生成合成声音的ADSR振幅包络的4个组成部分和1个声学声音的振幅包络

　　在图 4.4(A) 中，显示了生成合成声音的 ADSR 振幅包络的 4 个组成部分（起动、衰减、维持、释放）。当按下键盘上的一个键且音符持续进行时，音符的起动部分开始计时。一旦松开这个键，音符的释放部分开始。图 4.4(B) 显示了一个声学声音（例如来自弦乐器或鼓的声音）的振幅包络，这些声音的起动速度相对较快，但在敲击后立即开始衰减。实际的起动时间和衰减时间在不同乐器中是不同的，甚至在同一乐器的不同音区内也是不同的。例如，如果在钢琴上按下一个琴键不放，使琴弦能够自由振动，那么钢琴上低音比一个高音的衰减时间要长得多。

4.2.1　门限

工程师通常可以设定压缩器的门限电平，不过，有些型号的压缩器使用固定门限电平，这些压缩器具有一个可变的输入增益。对于固定门限电平，提高输入信号电平以到达门限电平值，这样在最后就可以较少地使用增益补偿，这样做可能会减少模拟压缩器引入的额外噪声。只要信号本身或旁链输入信号的电平幅度超过了门限电平，压缩器就开始减小对输入信号的增益。带侧链或键信号输入的压缩器可以接受另外一个信号的输入，以确定应用于主通路音频信号输入的增益函数。当侧链信号电平升至门限电平以上时，就触发对输入信号的压缩，而不管输入信号的电平如何。

4.2.2　起动时间

起动时间是指音频信号电平的幅度超过门限电平之后，压缩器就开始减小音频信号的增益所用的时间。所应用的实际增益衰减量取决于压缩比和信号处于门限电平之上的电平高度。在实践中，起动时间既可以使打击乐器类声音或音符的音头更加明确（让其更加突出），也可以使其更为圆滑。利用调整合适的起动时间，工程师可以使录音听上去更富有"冲击感"。

4.2.3　释放时间

释放时间是指在音频信号电平跌落到门限电平以下之后，压缩器停止音频信号的增益衰减所用的时间。只要信号电平降至门限电平以下，压缩器就开始向单位增益恢复，它恢复至单位增益所用的时间就是释放时间。

4.2.4　拐点

拐点描述的是从门限电平之下（无增益衰减）变化至门限电平之上（有增益衰减）时电平控制的过渡变化。平滑的过渡变化被称为软拐点，而在门限电平位置处发生的突然变化被称为硬拐点。

4.2.5　压缩比

压缩比决定了一旦音频信号的电平升至门限的电平之上时所施加的增益衰减

的量。它是门限电平之上的输入电平与输出电平的分贝值之比。例如，2 : 1(输入 :
输出) 的压缩比代表门限电平之上输出部分的电平分贝数是门限之上输入信号电
平分贝数的一半。压缩器的压缩比设定为约 10 : 1 或更大时，就可以将压缩器视
为限制器。压缩比设定得越大，音频信号的电平超过门限电平时产生的增益衰减
量就越大，压缩也就越明显。

4.2.6　电平检测时间

为了将增益函数施加于输入信号之上，动态处理器必须确定信号的幅度，
并将其与设定的门限电平值相比较。正如之前所讨论的那样，度量信号幅度的
方法有许多种，虽然大多数压缩器有固定的电平检测时间，但有些压缩器可以
让我们在 2 个或 3 个选项间切换选择。通常，这些选项的不同之处在于电平检
测对信号电平的响应速度。例如，峰值电平检测对陡峭瞬态的响应很好，RMS
电平检测可以对瞬态不太强的信号作出响应。有些动态处理器（比如 George
Massenburg Labs 8900 动态范围控制器）具有快速和慢速两挡 RMS 检测设定，
其中快速的 RMS 检测设定是在较短的时间周期上进行信号平均，所以能更多地
响应瞬态信号。

当压缩器被设定成使用慢速的 RMS 检测设定来检测电平时，压缩器也会响
应非常短的瞬态信号。因为 RMS 检测是进行时间上的平均，所以陡峭的瞬态将
不会对平均的信号电平有太大的影响。

4.2.7　压缩器输出的可视化

我们的视野要更开阔一些。为了全面理解动态处理对于音频信号的影响，在
对于动态处理器的解释中，通常都会见到输入 / 输出转移函数。对于一个给定的
具体类型的信号，压缩器的输出会随着时间的变化而变化，而对于压缩器输出的
这些变化进行可视化是有帮助的，并且还应该进一步考虑最关键的参数：起动时
间和释放时间。动态处理器随时间改变音频信号的增益，所以它们被归类为非线
性时变设备。因为一般将两个信号相加后再压缩产生的结果，与分别压缩两个信
号再将两者相加产生的结果是不同的，所以将其视为是非线性的。

要想观察压缩器对音频信号的影响，阶跃函数是最好的测试信号。阶跃函数
是一种幅度瞬间跳变，并在新幅度上保持一定时间的信号。利用阶跃函数，可以

以图示的形式表示压缩器对输入信号幅度上的突然变化是如何响应的并最终停留在其目标增益上的。如图 4.5 所示，调幅正弦波的作用相当于是阶梯函数，调幅器是周期为 1s 的方波，正弦波的峰值幅度可以在 1(0dB) 和 0.25(−12dB) 之间进行切换。

压缩器在较长（A）、中等（B）和较短（C）的起动时间和释放时间下的阶跃响应如图 4.6 所示。这些响应通常不会随压缩器的说明书一起发布，但是当发送一个调幅正弦音作为输入信号时，可以通过录制输出信号来将它们可视化（见图 4.5 ）。如果测量不同类型的模拟压缩器和数字压缩器的阶跃响应，就会发现大多数阶跃响应如图 4.6 所示。

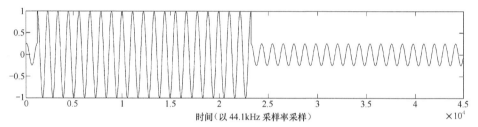

图4.5　此图显示了一个阶跃函数，即一个调幅正弦波，
可以用它来测试压缩器的起动时间和释放时间

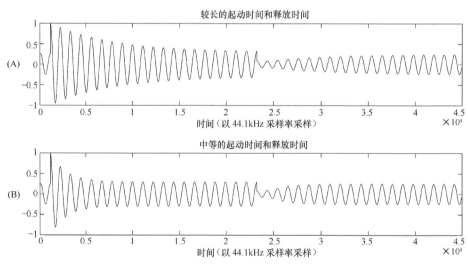

图4.6　压缩器的阶跃响应表现为3种不同的起动时间和释放时间：
较长（A）、中等（B）、较短（C）

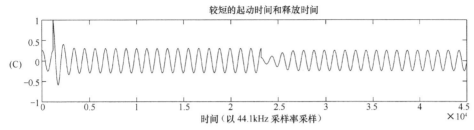

图4.6 压缩器的阶跃响应表现为3种不同的起动时间和释放时间：
较长（A）、中等（B）、较短（C）（续）

有些型号的压缩器所具有的起动曲线和释放曲线看上去与此有所不同。图 4.7（A）显示了原始压缩器阶跃函数音频信号，图 4.7(B) 显示了压缩器根据输入信号电平和压缩器参数设置产生的阶跃响应。阶跃响应显示出了随着输入信号幅度的改变而产生的随时间变化的增益衰减量。在这种压缩器中，达到稳定在 0.5 左右的增益衰减量之前的起动时间里，增益衰减量表现出一定的过冲。门限电平被设定为 6dB，它对应的音频信号幅度为 0.5，因此每次信号电平处在 0.5(−6dB) 以上时，增益函数就出现下降。

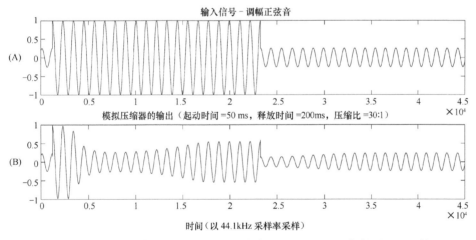

图4.7 同样被调制的40Hz正弦音经过起动时间接近50ms、释放时间为200ms的
商用模拟压缩器的情况

应注意图 4.7 与图 4.6 所示的增益曲线的差异。在这种压缩器中，达到稳定的增益衰减量之前的起动时间里，增益衰减量表现出一定的过冲。对于压缩器起动时间和释放时间的这类可视化结果并没有列在压缩器产品的技术指标当中。对

于图 4.6 和图 4.7 之间的差异，虽然工程师一般都可以听出来，但是如果不进行测量，是无法看到的。

图 4.8(A) 显示了馈送至压缩器输入端的音频信号，图 4.8(B) 显示了根据压缩器参数和信号电平产生的增益函数。图 4.8(C) 显示了压缩器音频输出信号，是在输入信号上施加了增益函数后得到的。增益函数显示了随时间变化的增益衰减量，它是随音频信号输入的幅度变化的。例如，增益为 1(单位增益) 时不会导致电平的变化；增益为 0.5 时，会使信号降低 6dB。门限被设定为 −6dB，它对应的音频信号幅度为 0.5，因此每次信号电平处在 0.5(−6dB) 以上时，增益函数就出现下降。

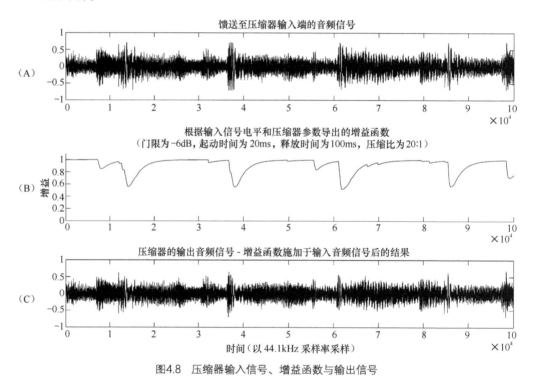

图4.8 压缩器输入信号、增益函数与输出信号

4.2.8 通过压缩实现的自动电平控制

对于刚入门的工程师而言，动态范围压缩可能是最难听辨和使用的处理器类型之一。之所以说它难以听辨，可能是因为通常压缩的目标都是音质自然透明（即不让人听出有处理的痕迹）。当工程师想去掉乐器声、人声或整个缩混幅度上的

不一致时，往往会使用压缩器。根据被压缩信号的属性和所选择的参量设定，压缩的效果可以从高度自然到完全显现。

刚入门的工程师难于识别压缩的另一个原因可能是听音人听到的录音存在一定程度的压缩。压缩已经成为所有通过音箱听到的音乐的一个有机组成部分，它已被音乐欣赏者所接受和认可。听一些不经增强处理的声学音乐可能会对技术性听觉训练有所帮助，这样可以更新我们对声音的感知维度，唤醒我们对未压缩音乐的记忆。

因为动态范围处理取决于音频信号的幅度变化，所以增益衰减量会随着信号的改变而变化。如上所述，动态范围的压缩导致了与音频信号的幅度波动同步的幅度调制。由于增益的衰减与音频信号本身的振幅包络同步，所以增益的衰减或调制可能很难听出来，因为分不清楚调制是否是原始信号的一部分。调幅几乎变得听不见了，原因是它以与音频信号幅度变化大小相等但方向相反的速率减小信号幅度。当将设备的参数设定到最大或最小时，可以较容易地听出所进行的压缩或限制处理（参量设定为高压缩比、短起动时间、长释放时间，以及低的门限电平值）。

如果采用的调幅不随音频信号同步变化，就能更容易地听到调幅。得到的振幅包络与信号的包络无关，可以将调制作为一个单独的事件来检测。例如，在颤音吉他效果中使用的正弦波调制器，调幅是周期性的，并且与声学乐器产生的任何类型音乐信号不同步，所以更容易听出来。在颤音效果下，正弦波调幅可以让音频信号产生比较理想的效果。颤音处理的目标通常是突出效果，而不是让效果自然透明。

通过增益衰减，压缩器可能会产生一些明显可闻的人为处理痕迹，比如音色变化，这些完全是有意为之的，并且对录音作品有明确的贡献。在其他情况下，对动态范围的控制则不允许产生任何人为处理痕迹或改变声音的音色。在把大响度段落的音量降下来的时候，能够既控制住各个峰值，又不让人为处理痕迹干扰听音人。不管是哪种情况，工程师都需要知道处理所产生的人为痕迹听上去是什么样的，并据此决定给录音实施什么程度的动态范围控制。在许多动态范围处理器中，用户可调参数存在一定程度的相互关联性，并影响工程师对其的使用和听辨。

4.2.9 手动动态范围控制

由于动态范围控制器是针对客观测量到的信号电平（比如峰值或 RMS），而不是对主观信号电平（比如响度）产生响应，所以由压缩器带来的电平衰减可能并不适合人们对某种声音信号的期望。对于既定的应用场合，压缩器的自动动态控制可能并没有像我们期望的那样自然透明。压缩器对音频信号实施的处理量是根据音频信号处在特定门限电平之上多少来确定的，而最终应用的增益衰减量则是根据信号电平的客观度量来确定的。客观信号电平并不总是与人们对响度的感知一致。因此，压缩器测量到的信号可能比人们感知到的信号更大或更小，因此施加的衰减量会比期望的衰减量更多或更少。

在进行多轨录音缩混时，工程师关注的是电平、动态和各声轨之间的平衡关系。另外，需要注意的是，混音作品中的任何地方是否有某个元素被掩蔽。在更细微的程度上，即便声源没有被掩蔽，工程师也会试图为其找到一个尽可能符合音乐的平衡，根据需要来对音乐的每一个音符和乐句进行调整。专注地听音有助于工程师针对每处声源找到总体音乐平衡的最佳折中处理方案。因为即便是采用了广泛的动态范围控制，还是不可能让每处声源的每个音符都能清晰、完美地被听到，所以平衡通常是一种折中的做法。如果把每个声源都调到高于其他声源的位置，那么在缩混总线上就没有空间和余量了，因此需要在进行平衡时设置好优先级。例如，流行音乐、摇滚乐、乡村音乐或爵士乐中的主唱歌声一般都是最为重要的音乐元素。通常工程师要确保录音中歌手演唱的每个字都可以清晰地被听到。歌手的演唱往往在幅度上存在明显的动态变化，使用一定程度的动态范围压缩有助于让演唱者的每个字和每个乐句具有更为一致的电平。

在录音中，工程师通过对各个声源实施单独的电平控制来引导听音人的听觉视角和听感上的理解。根据艺术处理的需要，工程师可以不断地调整各件乐器和人声在混音中的位置——有时被调整到最前面，有时又被调整到后面。对听音人而言，声源电平的自动化控制可以建立起存在明显变化的透视关系。或者建立起透明的动态变化，以维护对于听音人来说相对稳定的透视关系。根据多轨录音中原始声轨的情况，我们可能需要在后期进行较大调整，以建立一个一致和专注的音乐视角。听音人可能并不会明显地察觉到电平被控制了，实际上工程师常常会让电平的改变尽可能透明化和音乐化。听音人应只能听出每一时刻都很清晰的音乐录音品质，以及符合音乐要求的声音，而非应用于缩混中那些连续的电平变化。再次强调一下，我们常常追求对所录制音乐的艺术形象施加的技术处理听起来透明、自然。

4.3 压缩对音色的影响

除了用于管理录制媒介的动态范围之外，动态处理也是改变所录声音音色的工具。把压缩和限制施加在完整混音上有助于缩混作品各音乐元素的融合。被压缩的各个声部在听感上会出现所谓的"趋同化"的感觉，因为它们的幅度变化基本上是类似的。当缩混中有两个或多个元素（比如乐器或人声）存在幅度上的同步变化时，我们的听觉系统就会产生倾向于将这些要素融合在一起的听觉感知。最终的结果就是：动态压缩有助于将缩混中的各要素有机地融合在一起。虽然压缩器不是均衡器或滤波器，但也可以使用压缩器进行一些频谱上的塑形。

本节不再将压缩视为维持信号电平恒定的基本工具，而是将它作为修饰声音音色的手段。

4.3.1 起动时间的影响

将压缩器设定为较长的起动时间（100ms 或更长），低门限电平，以及大压缩比，我们就可以在输入信号超过门限电平时听到声音电平跌落的效果。声音以这样的速率向下跌落的可闻效果就是所谓的"泵机效应声音（pumping sound）"。这种效果对于强脉冲信号尤为明显，因为这时信号快速而明显地升至门限电平之上，然后再迅速跌落回来，比如鼓和其他打击乐器，有时贝斯也会产生这种效果。如果任何的低电平声音或背景噪声随被压缩的主要声音一同出现，那么我们就会听到一个被调制的背景声。那种在电平上较为恒定的声音，比如失真电吉他声就不存在上面所言的可闻泵机效应声音了。

4.3.2 释放时间的影响

如果将压缩器设定为较长的释放时间（100ms 或更长），则会出现另外一种相关效应。如果再次选择低门限电平和大压缩比，注意声音信号电平在强脉冲信号之后的回升。在出现了明显的增益衰减之后，声音信号电平的回升所产生的可闻效果被称为"喘息效应（breathing）"，因为它听上去就如同人在喘息一样。就像泵机效应一样，这种效应对于强脉冲之后的背景噪声、嘶声或高次泛音尤为明显。

尽管压缩往往被解释为使音频信号动态范围下降的处理，但是压缩还可以用来强调瞬态峰值电平与随后的持续共鸣声之间的差异。从本质上讲，采用压缩所取得的效果与动态范围扩展类似，因为峰值信号或强脉冲可以相对于紧随其后的较安静的部分得以强调。虽然将压缩器的动作视为动态范围的扩展似乎有悖常理，但是在后文中将通过各种起动时间设定进行试验，用所得到的结果来解释这一点。

4.3.3　压缩和鼓乐器

如果一段录音中带有鼓或其他打击乐器这类乐器发出的具有强脉冲特性的声音，那么这类声音所具有的规律性重复瞬态将会触发压缩器的增益衰减功能，有助于突出动态处理的效果。通过对整个架子鼓的立体声缩混信号进行大压缩比（高达 6∶1）的压缩处理，我们可以通过调整起动时间和释放时间来处理对鼓声音的影响。没有被压缩的典型军鼓声、底鼓声和"通通"鼓声中都有乐器本身自然的建立点或起动点，以及后面的释放点或衰减点，这些都取决于鼓的物理属性和调校。通过设定压缩器的参数，可以影响声音的这些属性。

下面研究一下当压缩器采用低门限电平、高压缩比、非常短的起动时间（比如降至 0ms）的设定来处理架子鼓的声音时，它对鼓声音的影响。压缩器的起动时间设置对鼓声音头的塑形作用影响最大。将压缩器设置为较短的起动时间时，它会导致瞬态信号的电平立即下降，而军鼓声中自然出现的锐利的音头就会被压缩下去，声音听起来就比较"沉闷迟钝"。当增益降低的速率几乎与瞬时信号的电平上升速率相匹配时，压缩器可以显著地降低信号的瞬态特征。即将压缩器设置为极短的起动时间（同时设置为较短的释放时间）时，致使信号电平下降的速率与原始信号瞬态上升的速率相近，瞬态信号就会消失。因此，瞬态信号的初始建立阶段的电平被降至振幅包络的共振过程电平上。在有些情形下，极短的起动时间可能比较有用，比如限制器常用它来避免出现削波现象。对于鼓和其他打击乐器的声音塑形，短的起动时间是非常有害的，往往会让原来的瞬态声音失去活力。

如果将原始未压缩的鼓声与短起动时间的压缩鼓声混合在一起，则将保持原始瞬态并使鼓声衰减阶段的声音提升。当将起动时间延长到几毫秒时，在瞬态信号的初始时刻就会出现咔嗒声。这是因为在增益衰减逐渐建立的过程中，有几毫秒的原始音频信号通过了压缩器，这种咔嗒声的音色直接取决于起动时间的长度。突然的增益衰减重塑了鼓声的振幅包络形状。通过进一步增加压缩器的起动时间，相对于声音的衰减部分，音头的声音开始得到凸显，原因是压缩器的起动时间滞后于鼓声的起动时间。因此，压缩器的增益衰减出现在音头之后，并在鼓声的衰减阶段继续维持。通过调低衰减部分相对于音头的音量，这两个的声音部分将形成更大的差异。所以相对于衰减部分，鼓声的音头将更明显。

如果在压缩低频鼓声（如低音鼓／底鼓甚至整个鼓乐器组的声音）时增加了压缩器的起动时间，我们通常会听到低频能量增加。由于低频的周期较长，较长的起动时间可以在起动时间增益衰减之前使更多周期的低频声音通过，所以每一节奏律动中低音脉动的低频成分被听得更为清楚。通过将起动时间由极短的时间延长到较长的时间，主要增加的是来自低音鼓的低频能量。当将压缩器的起动时间由接近于零延长到几十或几百毫秒，其对频谱平衡产生的影响相当于对缩混信号施加低频搁架滤波器并提高低频能量。

释放时间主要影响声音的衰减过程。声音的衰减过程是指在响亮的音头之后较为安静的部分。如果将释放时间设置得较长，当信号电平低于门限时（通常发生在声音的衰减过程中），压缩器的增益衰减不会很快恢复到单位增益，因此鼓声的自然衰减会显著降低。

4.3.4　压缩和人声

由于声乐表演具有较宽的动态范围，所以工程师常常会利用一些控制动态范围的手段来达到录音作品所要求的艺术目标。压缩处理对于减小动态范围和去除演唱声轨的嘶嘶声是非常有用的。不幸的是，压缩处理并不总是如录音作品所需要的那样自然，压缩器自动增益控制固有的副作用有时会表现出来。

这里给出两个简单小窍门，以便帮助你在减小动态范围的同时不会给表演带来太多的副作用。

- 采用低压缩比。压缩比越低，应用的增益衰减也就越小。2：1 的压缩比就是开始尝试压缩的较好的比值。
- 串联使用多台压缩器。通过将两台或三台压缩器串联使用来对歌唱声进行处理，将每台压缩器的压缩比设定得小一些，这样每台压缩器可以提供一部分增益衰减，其结果是产生比使用单台压缩器来实现所有增益衰减更为自然、透明的效果。

为了确认压缩器的应用是否太过激，需要边听音色变化，边观察压缩器上增益衰减量仪表的指示。如果在增益衰减时音色出现了变化，那么就可以采用小一些的压缩比，或提高门限电平，也可以两者同时使用。有时，在极端的增益衰减过程中，声轨声音可能听上去会稍微"暗"一些，通过观察压缩器的增益衰减示数表，可以更容易地识别压缩器的副作用。

在一个字或乐句的开始处如果出现轻微的砰砰声，这可能预示着起动时间设置过长。一般而言，非常长的起动时间对于歌唱声是无效的，因为它起到强调歌唱声音头的作用，并会分散听众的注意力。

对声乐的压缩一般会使声乐演唱中较低电平的细节突出，比如气声和嘶声。可以减小嘶声的嘶声消除器（De-Esser）其实就是一个压缩器，只不过使用了经过高通滤波（大约在5 kHz）的人声作为其侧链或键信号输入。嘶声消除器在使用较短的起动时间和释放时间时最为有效。

4.4 扩展器和门限

扩展器上的大部分可控参量与压缩器对应参量的作用类似，只有两个参量是例外的：起动时间和释放时间。这两个参量被认为与音频信号的电平有关，而与增益衰减无关。

4.4.1 门限

扩展器是通过衰减在预定门限电平之下的低电平信号来改变音频信号的动态范围的，这与压缩器对门限电平之上的信号进行处理正好相反。噪声门是扩展器的特例，在一个信号降至门限电平之下时，它常被用来"哑掉"该信号。

4.4.2 起动时间

扩展器的起动时间是指信号电平一旦升至门限电平之上，音频信号回到其原有电平所用的时间。与压缩器一样，起动时间是在信号电平升至门限电平之上后增益变化所用的时间。对于压缩器而言，信号电平处于门限电平之上是信号衰减；对于扩展器而言，信号电平高于门限电平时会返回到单位增益。

4.4.3 释放时间

扩展器的释放时间是指信号电平一旦跌落于门限电平之下，音频信号衰减到其最终电平所用的时间。对于压缩器和扩展器，释放时间不是由特定的电平控制方向（提升或衰减）来决定的，而是由相对于门限电平的信号电平来决定的。在扩展器的释放时间内，信号电平降低；在压缩器的释放时间内，信号电平增加。在这两种情况下，增益发生变化是因为信号电平超过了门限电平。

4.4.4　扩展器输出的可视化

扩展器对调幅正弦波的影响如图 4.9 所示。这 3 个输出信号也被称为扩展器的阶跃响应。与压缩器类似，扩展器一般也有一个侧链输入，可以用另外一个辅助信号来控制音频信号。例如，工程师会将底鼓信号送至噪声门的侧链输入，用它来控制低频正弦音（约 40Hz 或 50Hz）。其结果是只在每次底鼓敲打发出声音时，低频正弦音才会被听到。这两种声音，即底鼓声和正弦音，可以混合在一起，创造出一种新的音色，以强调鼓声的低音部分。

图 4.10 所示的是截取自音乐录音的一个片段，由音频信号和参数设定产生的增益函数，以及最终的输出信号。在被扩展的音频信号中，音频信号的低电平部分进一步向下衰减。

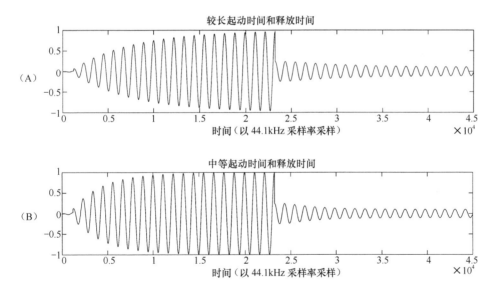

图4.9　扩展器在3种不同的起动时间和释放时间下的阶跃响应：较长（A）、
中等（B）、较短（C）的起动时间和释放时间

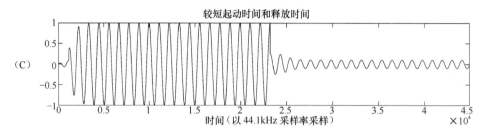

图4.9　扩展器在3种不同的起动时间和释放时间下的阶跃响应：较长（A）、中等（B）、较短（C）的起动时间和释放时间（续）

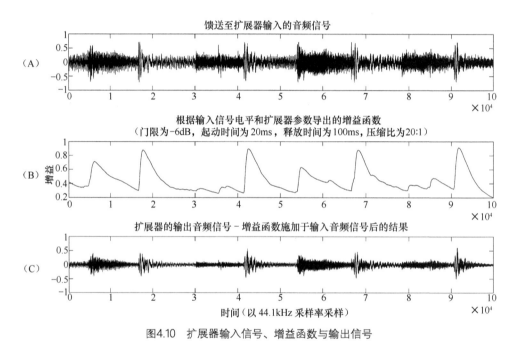

图4.10　扩展器输入信号、增益函数与输出信号

图 4.10（A）显示了从发送到扩展器输入端的音频信号中；图 4.10（B）显示了根据扩展器参数和信号电平导出增益函数；图 4.10（C）显示了扩展器最终输出的音频信号，应用了增益函数的输入信号。

增益函数显示的是随时间变化的增益衰减量，它是随音频信号输入的幅度而变化的。例如，增益为 1（单位增益）时不会导致电平的变化；增益为 0.5 时，会使信号降低 6dB。在这些测试中，门限电平被设定为 –6dB，它对应的音频信号幅度为 0.5，因此每次信号电平处在 0.5（–6dB）以下时，增益函数就会出现下降。

4.5　开始技术性听觉训练

　　本书第 2 章的 2.5 小节中有关开始听音实践的建议适用于本书介绍的所有软件的练习，建议读者回顾一下关于这些练习的频率和持续时间的建议。关注动态处理的软件练习模块"技术性听觉训练—动态范围压缩""技术性听觉训练—动态范围扩展"的总体功能与均衡模块非常相似。只不过这时所关注的是不同的动态参量和音质处理，而不是均衡参量。

　　动态模块每次可以对多达 3 个测试参量进行练习，这 3 个参量分别为起动时间、释放时间和压缩比。读者在练习时既可以采取针对每一参量的方式，也可以采取与其他 1 ~ 2 个参量组合的形式来进行，具体形式要取决于"Parameter Combination(参量组合)"的选择。对于所有的实践练习而言，门限电平都是完全可改变的，不论是计算机生成的"Question"，还是"Your Response"均可对门限电平进行控制。由于录音的信号电平将决定信号在门限电平之上停留多长时间，而且无法预测每一录音的电平与给定门限电平间的关系，因此要保持门限电平完全可变。在压缩器模块中，最初的门限电平设定应相对较低，以便于让压缩器的效果更容易被听到。如果需要，读者可以使用增益补偿推子来手动匹配压缩信号和直通信号的主观电平。在使用扩展器模块的情况下，门限越高，将会导致扩展器产生更明显的电平变化。另外，通过输入电平的下降，可以进一步突显动态电平的变化。

　　练习难度（Level of Difficulty）选项控制的是针对给定参量的选择数目。困难度越高，参量选择的数量也就越多，各参量均在各自的取值范围内取值。

　　参数组合（Parameter Combination）将用来确定给定的练习中包含的参量。当采用 Parameter Combination 进行只有一两个参量的练习时，其余未被测试的用户可控参量将同时控制"Question"和"Your Response"压缩器的处理。

　　在整个技术性听觉训练软件中，动态范围控制练习模块是唯一一个将"无效果"或"平坦"作为问题的模块。在练习中，这意味着 1∶1 的压缩比比值也是可以选择的，但只有当 Parameter Combination 中包括了"ratio"参量才行。当遇到听不出动态范围控制的问题时，就可以选择 1∶1 的压缩比比值，它相当于模块是直通的。如果一个问题具有 1∶1 的压缩比，那么在计算问题的得分和平均分时所有其他参数将被忽略。

动态范围压缩练习模块的屏幕截图如图 4.11 所示。

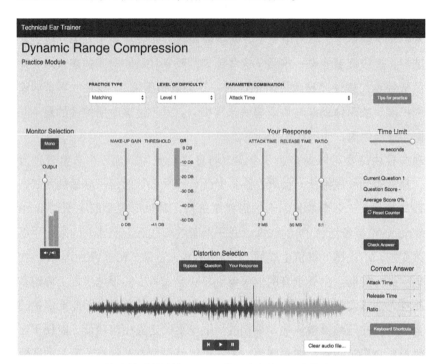

图4.11　技术性听觉训练（TET）软件动态范围压缩模块用户界面

4.5.1　技术性听觉训练的类型

在动态练习模块中有 3 种练习类型：匹配模式、匹配记忆模式、绝对性识别模式。

- 匹配模式（Matching）。采用匹配模式练习时，其目的是复现由软件给出的动态处理。该模式允许在"Question""Your Response"之间任意地切换，以确定所选择的动态处理是否与计算机应用的未知处理相匹配。

- 匹配记忆模式（Matching Memory）。该练习模式与匹配模式类似，它允许在"Question""Your Response""Bypass"选项间任意切换，直至有一个问题参数被改变。这时，"Question"选项就不再可选，你需要对问题产生的声音效果形成足够的记忆，这样才能判断回答的内容是否正确。

- 绝对性识别模式（Absolute Identification）。该练习模式的难度是最大的，它要求在没有机会试听被选择的正确答案的前提下明确给出所使用的动态处理。只有"Bypass"（不加动态处理）、"Question"（由计算机随机生成的动态处理效果）可供试听，你不能选择试听"Your Response"。

4.5.2　声源

文件格式为 AIFF 或 WAV，且采样率为 44 100Hz 或 48 000Hz 的录音均可作为实践练习用的声源。我们既可以选择使用单声道录音，也可以选择将立体声录音作为试听的声源。如果导入的声音文件仅包含一个声轨（相对于两个声轨而言），那么该音频信号将只能由左声道输出。按下单声道（mono）键，音频信号就会馈送至左、右两个声道输出。

4.5.3　推荐用于练习的录音资料

还有一些可以购买或免费下载的艺术家的分轨作品，这些作品也可作为练习的音源使用。刚开始练习时，选择单击的鼓声作为声源来练习是有益的，之后再进一步选择架子鼓声作为声源来练习，同样也可以选用其他独奏乐器声和人声作为声源。

在苹果公司的 GarageBand 和 Logic 中，有一些独奏乐器的声音选段或声音循环素材，这些文件也可以当作软件练习模块的声源来使用。

总结

本章讨论了压缩器和扩展器的功能，以及它们对音频信号音质的影响。动态范围控制器可以用来控制声轨的电平起伏，或者用来建立其他类型的信号处理不可能实现的特殊音色变化。本章还介绍了压缩和扩展软件练习模块，建议读者利用它们进行实践训练，以提高自己对各种参数设置所产生的声音效果的识别能力。

第 5 章

失真和噪声

在录音、现场扩音、缩混及后期制作过程中，我们会在不经意间遇到一些导致噪声出现或造成音频信号质量下降的技术问题。如果不解决这些产生噪声和失真的技术问题，或者如果不能消除音频中的噪声和失真，听音人的注意力就会被吸引到这些不受欢迎的"人工效果（人为噪声）"或"衍生物"上，从而偏离了对于音频本身的艺术体验感知预期。你可能听到过这样的说法：只有当音频出现问题时，听众才会注意到音质问题。换句话说，如果听众没有注意到音频的音质，而只是单纯地享受录音作品、音乐会、游戏或电影带来的艺术体验，那么说明音频工程师的工作做得很好。音频工程师的工作就是将艺术家的意图传达给听众。如果技术选择中添加了不需要的人为噪声，听音人的注意力将不会集中在艺术体验上，而且很难完全投入到对作品的欣赏上。当录制技术为录音作品带来了负面的影响时，听音人的注意力便转移到了技术引起的人为噪声上面，并让其脱离了对音乐表现的欣赏。当传声器、扩音器、音箱组成的扩声系统自身产生一些反馈噪声时，可能每个人（不管是不是音频工程师）都比较熟悉这些扩声系统产生的啸叫或回声。虽然音频工程师会努力避免这些反馈噪声，但对于听音人和艺术家而言，这些反馈噪声还是会产生一些体验上的干扰。而且不幸的是，反馈噪声会使听音人注意到他们所听到的声音是经过技术处理的艺术家的音乐作品。反馈噪声在现场声音还音过程中非常普遍，以至于电影和电视的声音设计师在设计一个角色在公共场合扩声说话之前总会添加一小段反馈噪声。一旦听到了这一小段声音提示，工程师就会知道这个角色的传声器声音是通过扩音装置（PA）系统放大的。反馈噪声可能是音频系统产生的最极端的负面影响。当它的响度很大时，人们的耳朵就会出现疼痛等症状。许多人为噪声比反馈啸叫要柔和得多，即使听众可能在无意识间感觉不到某些人为噪声的存在，它们实际上也会影响到听众的听觉体验。作为一名音频工程师，需要尽可能多地了解可能会影响声音录制的人为效果，而且随着在听评方面的经验积累，我们对各种音频中的噪声和失真的敏感度也会提高。

失真和噪声是人为声音衍生物的两大类。大多数时候工程师会试图避免这些声音衍生物，但有时也利用它们来创造某些声音效果。由于它们可能会以不同的电平或强度表现出来，所以要想检测出较低电平、不想要的失真和噪声并不是一件容易的事情。在本章中将重点讨论那些有时会通过其自身的方式进入到录音制品中的外来噪声和某些类型的失真，不管这些噪声和失真的产生是有意的还是无意的。

5.1　噪声

有些作曲家和表演者会有意识地利用噪声来营造某些音乐艺术效果。事实上，有很多音乐流派都将噪声视为一种艺术效果，比如噪音摇滚、工业音乐、日本噪音音乐、具体音乐、采样音乐和脉冲干扰音乐。实验电子音乐和先锋电子音乐的作曲家和表演者经常使用噪声来制造音乐效果，他们喜欢模糊音乐和噪音之间的界限。最早的一个例子就是法国作曲家皮埃尔·舍菲尔（Pierre Schaeffer）的《铁路研究》（*Étude aux chemins de fer*），这是他在 1948 年根据自己录制的火车声音创作的一首"具体音乐"作品。

从传统的录音观点来看，各种形式的噪声被看作进入信号链中的有害信号。正如上文所讨论的，噪声使听众无法集中注意力去听我们所要呈现的艺术效果。这些进入到录音作品中的外部噪声，是在营造一种艺术目标，还是只会分散听众的注意力？各类噪声声源包括以下几种。

- 咔嗒声。由设备故障或数字同步误差产生的瞬态声音。
- 喷口气流声。由人声中的爆破音产生的一种声音。

- 接地哼鸣声。这种声音是由不正确的接地系统产生的。
- 嘶嘶声。本质上是低电平白噪声。源自模拟电子器件、数字信号处理中的抖动处理或模拟磁带的噪声。
- 外界声音。录音中不想要却又存在于录音声学空间中的声音，比如通风系统噪声或录音空间之外声源的声音。
- 射频干扰（RFI）。音频设备有时可以作为一个优质的、但并不受欢迎的无线电接收器。

接地哼鸣声、嘈杂的外界声音、射频干扰和供暖／通风及空调（HVAC）噪声等不同来源和类型的噪声，是工程师在录音棚录音时应尽量避免的。通常噪声电平较低但却可闻，因此它不会对仪表造成明显的触发，尤其是在音乐声音信号存在的情况下。因此工程师需要用耳朵一直去跟踪这些声音的音质。各种各样的噪声可以在不经意间开始并停止，所以工程师必须时刻保持专注。

5.1.1　咔嗒声（Clicks）

咔嗒声是指那些包含明显高频能量的短促瞬态声音，这些高频能量来自电子设备。有害的咔嗒声可能源自发生故障的模拟设备、模拟电缆连接上的松动、模拟电缆上的连接和断开操作或数字音频同步误差。

模拟设备故障产生的咔嗒声通常可能是随机的，零星出现的，因此要想准确地判断出咔嗒声产生的根源比较困难。在这种情况下，采用仪表来表示存在咔嗒声的声道情况，尤其是对于那些没有节目素材时出现的咔嗒声更为有效。带峰值保持功能的仪表对于找出问题设备是非常有用的。因为在咔嗒声出现时，如果工程师碰巧没有注意到，那么峰值保持器将保持在峰值水平以便工程师查看并排查问题。

不良的模拟连接可能随时会造成信号连接中断，导致丢音，以及咔嗒声的出现和偶发爆音的情况。当在跳线盘中或直接在设备上进行模拟连接时，会产生不连续的信号，因此也会产生咔嗒声和喷口气流声。拔出一个正在幻象供电的话筒电缆可以产生一个特别响亮的喷口气流声或咔嗒声，这些声音不仅可以破坏传声器，还可以破坏试图重放这个咔嗒声的任何音箱。

对于设备间的数字互连，重要的就是要确保所有互连设备的采样率一致，以及时钟信号源的稳定。如果数字音频中选用的时钟信号源不稳定，那么咔嗒声的出现几乎是无法避免的，并且是每隔一段时间就可能出现一次，一般的间隔时间是几秒。由于不正确的时钟信号源而导致的咔嗒声一般声音比较小，需要集中注意力来听才能分辨出来。根据录音棚的数字互连情况，每一设备的时钟信号源既可以是内部产生的，也可以来自数字输入或字时钟。

5.1.2　喷口气流声（Pops）

喷口气流声是一种类似于砰砰声的瞬态声音，其低频能量通常比咔嗒声更大。通常喷口气流声是由处在传声器正面的人发出的爆破音产生的。爆破音是辅音，比如发出字母 p、b 和 d 的声音，歌手或演讲者在发出这些辅音时会产生一阵短促的气流（如果把手放在嘴巴前面，发出字母 p 的音，你就可以感觉到空气从你的嘴中喷出）。当这些短促的气流到达传声器振膜上时，传声器就会产生一种低频的、类似瞬态撞击产生的砰砰声。在录制人声时，工程师通常要在歌手的传声器前设置一个防喷网。防喷网一般是由固定在圆形骨架上轻薄的、声学上透明的纤维织物制成的。

当与歌手在同一空间中听其现场演唱时，几乎听不到歌手的喷口气流声。这种喷口气流声纯粹是传声器对歌手发出的短促气流产生响应的衍生物。听音人在欣赏表演时并不希望听到来自歌声里的低频的砰砰声，因为喷口气流声可能会分散听音人欣赏歌唱表演的注意力。即使这首歌在混音中混合了底鼓声，歌手的喷口气流声也不会和底鼓声融合在一起。工程师可以用高通滤波器来滤除喷口气流声，并且需要确保截止频率足够低而不会影响歌声里的低次谐波，或者高通滤波器只在喷口气流声出现的瞬时起作用。

在录制、混音或为歌声、演讲声提供现场扩音处理时，注意聆听低频重击声。在现场声音环境中，去除喷口气流声的最佳方法是，在这个单独的调音台轨道上打开高通滤波器功能，如果传声器本身带有高通滤波器，打开它即可。

5.1.3　接地哼鸣声（Hum）与嗡嗡声（Buzz）

不正确的模拟电路和信号链接地可能会在模拟音频信号中引入听上去类似哼鸣声的噪声。这两种形式的噪声均与交流（AC）电源的频率有关，这个频率在某些地方也被称为电源频率。根据所在地区的地理位置和所用电源的情况，电源的频率可能是 50Hz 或 60Hz。北美地区的电网是 60Hz，欧洲是 50Hz；

在日本，有用 50Hz 电源的，也有用 60Hz 电源的；其他大部分国家采用的是 50Hz 的电源。

　　当接地有问题时，就会出现由基频等于交流电频率（50Hz 或 60Hz），以及该频率整数倍的谐波所产生的哼鸣声与嗡嗡声。哼鸣声可以被认为主要是由低次谐波构成的声音，而嗡嗡声则主要由高次谐波构成。

　　工程师要在开始录音之前确认是否存在任何的哼鸣声与嗡嗡声，因为这个时候出现问题比较容易解决。虽然在后期制作时也可以去掉这类噪声，但可能要花费大量的时间去处理。由于哼鸣声与嗡嗡声常常包含大量的 50Hz 或 60Hz 的谐波，需要用大量的窄带陷波器，并将每个陷波器调谐至各次谐波频率之上，以便将所有这些讨厌的声音去掉。有时这是消除这些噪声的唯一方法，但这些陷波器也会影响节目本身的素材质量。

　　哼鸣声也可以由电磁干扰（EMI）引起。如果把音频的电缆（特别是那些带有传声器电平信号的电缆）放在电源电缆旁边，电源电缆就会在相邻的音频线路中产生嗡嗡声。音频电缆靠近电源电缆会产生问题，所以两者之间的距离越远越好。如果它们确实需要交叉放置，那就尽量使它们的交叉角度呈 90° 夹角，以减少通过音频电缆的电磁场强度。尽管在此并不讨论那些可能导致哼鸣声与嗡嗡声出现的布线问题，以及如何解决这些问题的技术，但在此推荐一本讨论此问题的参考书——吉丁（Giddings）编写的《音频系统的设计与安装》（*Audio System Design and Installation*）（1990）。

　　检查低电平接地嗡嗡声的最佳方法之一是在音乐家不演奏时，打开传声器及其电源，并提高监听器声级来进行检查。如果最终在音频信号中采用了带补偿增益的动态范围压缩器，那么曾经听不清的低电平噪声被放大后就会听上去很明显。如果在这个阶段之前将接地哼鸣声等噪声处理好，那么就可以录制出干净的录音作品了。

5.1.4　外界声音

　　尽管我们都希望在一个十分安静的空间中录音，但还是经常有许多来自录音空间内部或外部的噪声声源需要进行处理。在这些噪声中，有些是相对恒定的稳态声音，比如通风系统的噪声；而有些噪声则是不可预测的，比如汽车喇叭声、说话声、脚步声、暴风雨的声音，或一些物品掉在地上或撞到传声器支架时发出的声音。

对于大多数城市的人口稠密区而言，随着噪声声级的日益提高，以及居住密度的增大，隔音也成为一项尤为严峻的挑战。除了空气传导的噪声之外，还有一些固体传导的噪声，比如通过建筑结构传输过来的震动，这些都会在录音空间中最终形成声音。专业的录音棚通常采用所谓的悬浮地板和"房中房"结构来最大限度地隔音。

5.1.5 射频干扰（RFI）

无线电台和手机的信号有时被解调到音频频带中，然后被音频设备放大。在有无线电台干扰信号时，人们能听到当地调频电台的广播内容。这些音频主要是高频率成分，但非常令人讨厌，并且会分散我们的注意力。手机信号的干扰，通常听起来像一连串的噗吱声。因此，建议在录音空间内，将手机关掉或者把手机调成飞行模式。

对于上文所描述的所有噪声类型，最佳消除方法就是在录制时用耳朵辨别出来，并尽可能地消除噪声源，或者等这些噪声消失之后再继续录音。现在的降噪软件已经非常成熟且高效，但是降噪仍然是一个需要花费时间且需要人为处理的过程。如果能在第一时间避免录到这些噪声，工程师就可以在后期制作过程中节省一些宝贵的时间。

5.2 失真

失真通常是由音频系统中的某些非线性元件所导致的，它增加了原信号中并不存在的新频率。从技术角度来看，主要有两种类型的失真：谐波失真和互调失真。谐波失真增加的是原始信号的谐波（或整数倍频率）。因此，这些增加的频率可能会与素材本身相融合，因为失真产生的频率与大多数音乐声音中已经存在的谐波相同。同时，互调失真产生的音调可能与原始信号没有谐波关系，因此效果往往更不理想。

虽然工程师通常想要极力避免或去除之前提到的那些噪声，但是失真既可以提供那些令人不可思议的声音效果，也会产生工程师所不需要的有害声音效果。大多数现代音频设备都被设计为"透明的"（具有平坦的频率响应和最小的失真效果），但许多流行音乐和摇滚乐方面的录音工程师及混音师都会选择经典的复古设备，原因是这些失真会在听觉上带给人"温暖"和"丰富"的感觉。这是非线性失真的结果，即非线性失真增加了音频信号的谐波。

　　电吉他是最常见的、具有失真效果的乐器，而吉他手可以在众多失真类型和音色中进行选择。吉他失真通常可分为 3 种类型：法兹（Fuzz）、过载（Overdrive）和失真（Distortion）。在每个类别中都有不同的变异种类和等级，它们提供了各种可能的音色。通常人们会认为过载失真比实际失真的效果更温和。过载效果是指音色中出现了某些破碎感。吉他的失真效果会产生更多的高频能量，这些失真听起来会比较尖锐或刺耳，而过载失真则可能听起来更温暖，因为它并不像其他失真那样具有太多的高频能量。即使是所谓"清音"吉他音色，通常也会包含一些失真，这种失真会给吉他带来一种"温暖的"音色，尤其是那些来自电子管放大器的音色。法兹效果、过载效果和失真效果可以使乐器声或人声听起来更丰富、更温暖、更明亮、更刺耳或更具有侵略性，这些都取决于乐手所用失真类型和使用量。

　　当不以失真作为效果时，工程师可能会由于参数设置的问题、设备故障或设备质量问题，无意间使一种音频信号出现失真问题。可以通过将音频信号的电平提高到放大器的最大输出电平之上或模数转换器（ADC）的最大输入电平之上，使信号出现失真削波。当模数转换器尝试表示一个电平大于 0dBFS 的信号电平时，就出现了所谓的"过载"。由于模数转换器只能表示 0dBFS 以下的信号电平，因此该值以上的任何信号电平都被（错误地）编码为 0dBFS。"过载"的信号声音听起来刺耳且失真，较新的模数转换器在设计中加入了更多的功能，比如在 0dBFS 电平处或略低于 0dBFS 电平处添加软削波或限制功能，这样有过载问题的声音听起来就没有那么刺耳了。

　　值得庆幸的是，工程师会利用可视化手段判断信号是否出现了削波问题。大多数模数转换器的输入级、传声器前置放大器及许多其他数字和模拟增益级上，都出现了数字表、峰值表、削波指示灯或其他的信号强度指示器。当增益级出现过载或信号削波时，只要信号处在削波电平之上，红灯就会亮起，以此为使用者提供一个视觉上的提示，并且只要信号电平不回落到削波电平之下，该红灯就会被持续点亮。与失真信号的初始和持续状态同步的峰值指示灯上的视觉指示，提高了我们对信号质量下降的感知度，并帮助我们确认信号是否及何时出现了削波问题。不幸的是，当采用大量的传声器信号时，人们很难在一瞬间看到全部的闪烁指示灯，尤其是在模拟领域。并且，数字仪表具有峰值保持功能，这样就可以在使用者某一时刻没看到削波指示灯点亮的情况下，指示灯还可以一直保持点亮状态，直到手动使其复位。对于那种实时显示的削波指示灯而言，根据听觉感知来确认信号是否出现过载就显得尤为重要，因为人们很容易忽略指示灯闪亮的那一瞬间。

在音乐录音过程中，要将传声器前置放大器设定在尽可能高的录音电平位置上，即尽可能靠近削波点，但不能出现削波现象。目标是通过录制峰值达到最大化可录制电平的信号（数字音频中最大可录制电平为 0dB，即 0dBFS），使信噪比或"信号—量化误差"比达到最大化。在正式音乐演出没有开始之前，工程师无法知道表演信号的确切峰值电平。设定前置放大器增益的依据是在彩排时对每一轨道事先进行声音检查，但一定注意，要留出一定的峰值余量，以免正式演出时信号的峰值超过所预估的值。这样做的原因是，往往在正式演出时峰值电平比彩排时的电平要高，这是因为此时音乐家们的表演比彩排时的表演更富有热情，动态范围也就更大。

尽管每次录制或现场扩音时都进行声音彩排是种理想的做法，但有时工程师不得不在没有进行声音检查的情况下直接进入正式录音状态，此时就得进行一些有根据的猜测，并希望电平设置正确无误。在这种情况下，工程师必须用耳朵和仪表来关注信号电平上的变化，以便检测到任何削波信号。

可以按照声音的音质来描述音频信号中出现的失真。以下是在录音、混音和后期制作过程中出现的一些主要的失真类型。

- 硬削波或过载失真。这是一种听起来粗糙刺耳的声音，它是因信号电平超过设备的最大输入或输出电平而产生的信号峰值被方波化的结果。
- 软削波或过驱动。这种声音听起来不那么刺耳，对于创造性的表达来说软削波往往比硬削波更可取。它通常是由一种被设计为引入软削波的特殊电路产生的，如吉他电子管放大器。
- 量化误差失真。这种失真可能有 3 个来源：PCM 数字音频中低比特量化的结果（比如，将 16bit/ 采样点转换为 3bit/ 采样点）；从一种分辨率转换为另一种分辨率时没有对信号进行正确的抖动处理（或根本没有进行抖动处理）；信号处理中产生的失真。应注意在此并不是要讨论低比特率感知编码，而只是简单地降低信号幅度量化时每个采样点的比特数。

- 感知编码器失真。当将线性 PCM 音频信号编码为数据压缩格式（如 MP3 或 AAC）时，可能会出现许多不同的处理衍生物，其中一些衍生物比其他衍生物更容易被听到。比特率越低，编码器表现出的失真越大。

音频信号中表现出来的失真程度不一且形式多样。音频设备可以有其固有的失真，可能会在信号电平没有过载的情况下出现。通常情况下，越昂贵的设备所具有的可测量失真就越低。失真测量的问题之一是，它们不能表明失真声音的可闻度或恼人程度。一些类型的失真令人愉快且具有"音乐性"，如电子管放大器和音频变压器产生的失真。另一方面，B 类放大器即使在很低的电平上也能产生令人讨厌的交越失真。一个 1kHz 的正弦波如图 5.1 所示，一个具有交越失真的正弦波示例如图 5.2 所示。尽管交越失真可能比谐波失真产生更低的可测量失真电平，但交越失真更令人反感。

音箱重放的所有声音都存在一定程度的失真，但在更昂贵的音箱型号上，失真就没有那么明显。不同品牌、型号和价位的音箱具有不同的音质等级，失真极低的设备生产成本特别高，因此，与那些专业音频工程师使用的音频系统相比，大部分民用级别音频系统表现出的失真会稍高一些。如今，随着廉价音响设备质量的提高，这种说法变得没那么绝对了。

信号链两端的换能器，即传声器和音箱，它们与放大器和其他线路电平信号链设备相比会产生更多的失真，因此工程师应对传声器和音箱进行仔细甄选。但是，当今大多数流行音乐失真的主要原因是严重受限的动态范围和响度最大化，以及消费者听到的低比特率编码音频。

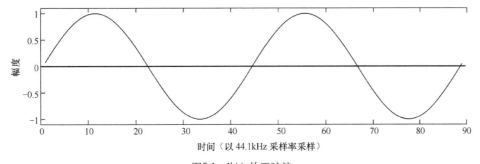

图5.1　1kHz的正弦波

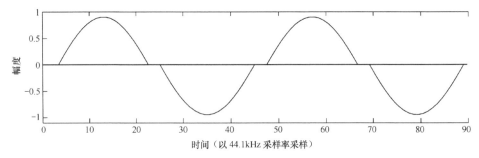

图5.2 具有交越失真特征的正弦波

大多数其他常见的实用性声音重放设备，如对讲机、电话、双向收音机和便宜的耳机等，都有明显的失真效果。对于大多数语音通信场景，只要失真程度没有低到影响声音的可懂度便可。对于廉价音频重放系统中的失真度，没有进行过听音训练的人一般听不出来。这也就是 MP3 格式和其他用于网络音频的感知编码音频格式的音乐能够取得巨大成功的原因之一，大多数普通听众感知不到失真效果和音质的下降，同时其文件大小也比 PCM 格式更小，方便其简单而快速地在网络上以最小的存储空间进行传播。

不论失真是否是有意为之，工程师都应能在失真出现时将其辨别出来，并根据其是否符合录音作品的要求，来决定是将其作为声音塑形的艺术效果来呈现，还是将其去除。

5.2.1 硬削波和过载

对信号施加足够大的增益使其达到设备的最大输入或输出电平的极限，会导致硬削波出现。超过设备允许的最大信号电平的信号峰值电平会被削平，从而产生原始波形中并不存在的新谐波成分。例如，如果一个正弦波（见图 5.1）被削波，其结果产生了一个时域波形包含陡峭边沿的方波（见图 5.3）。可以简单地说，被削波的正弦波的锐拐点和陡峭的垂直部分表明了高频谐波的存在。可以通过使用快速傅里叶变换分析仪对方波进行频域分析来证实这一点。频率成分包含了新的谐波（其频率是基本正弦音频率的整倍数）。方波是由奇次谐波（它们的频率分别为基频的 1 倍、3 倍、5 倍、7 倍等）组成的特殊波形。另一方面，正弦音是一种单频声音。1kHz 方波包含了以下频率：1kHz、3kHz、5kHz、7kHz、9kHz，以及之后所有 1kHz 的奇数倍频率，直到达到设备的带宽限制为止。此外，随着谐波数量的增加，每个随后谐波的幅度逐渐减小。

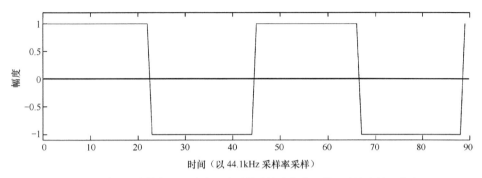

图5.3 被硬削波的1kHz正弦波，波形的陡峭边缘在原始正弦波中并不存在

如上文所述，失真会增加音频信号中的谐波。因为信号失真时会将额外的高次谐波加入这个信号中，所以音色会变得更加明亮和刺耳。信号削波会将信号波形的峰值变得平坦，提高被削波峰值的拐点的陡峭程度。时域波形中新的锐拐点体现为信号的高次谐波成分的增加。

5.2.2 软削波

软削波或过驱动是一种相对柔和的失真形式，它所产生的失真结果常常被用作音频信号的效果来使用。软削波后的音频的音色通常没有硬削波那么刺耳。从图 5.4 中可以看出，过驱动正弦波具有平缓的波峰，不具有硬削波正弦波所具有的锐拐点（见图 5.3）。被硬削波的正弦音锐拐点表明了它比软削波的正弦音具有更多的高频能量。

当信号的幅度上升到放大器的最大输出电平之上时，放大器就会产生硬削波失真。对于像固态电路传声器前置放大器这样的增益级，当信号从线性增益区域上升到导致削波的更高电平上时，音色和音质都会发生突变。一旦信号达到了增益级的最大电平，不论输入电平如何增大，输出都不会再随之升高，因此就会出现前文讨论过的那种平顶的峰。从纯粹的放大到硬削波间的突然变化就会引入粗糙的失真的声音。真空电子管等类型的放大器，显示出了从线性增益到硬削波的渐变过渡。这种增益范围内的渐变过渡产生了波形中具有圆角边缘的非常“理想”的软削波，如图 5.4 所示。这就是为什么吉他手更喜欢电子管吉他放大器而非固态电路放大器的主要原因，失真往往使声音更丰富且更温暖。相对于干净的声音而言，电子管放大器中的软削波增加了更多表达化的可能性。特别是在流行音乐和摇滚音乐的录音中，常常会见到使用软削波和过驱动进行创作的例子，它增强了声音的特征并创造出了有趣的音色。

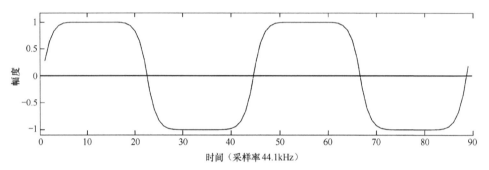

图5.4　被软削波或过驱动的1kHz正弦波（波形的曲线边缘介于原始正弦波和方波之间）

5.2.3　量化误差失真

在将模拟信号转换成标准数字脉冲编码调制（PCM）形式的过程中，每个采样点的模拟幅度电平被量化成有限的步阶数。用于表示模拟信号电平的量化步阶的最大数量是由模数转换器的位分辨率决定的，而位分辨率就是每一个采样点存储的数据比特数，也被称为比特深度。模数转换器采用二进制数（或比特）来记录和存储采样点值，可使用的比特数越多，就可以有更多的量化步阶。

CD 音质的音频红皮书标准规定每个样本为 16bit，它可以将最高的正向电压到最低的负向电压之间的信号范围用 2^{16} 或 65 536 个幅度步阶来表示。通常在录音的初始阶段都会选择较高的比特深度。对于给定的选择，大部分录音工程师都会使用至少 24bit/ 采样点的精度来进行录音，对应最高与最低模拟电压间的 2^{24} 或 16 777 216 个幅度步阶。即便最终的制品仅采用 16bit，但是最初采用 24bit 进行录音还是会取得更好的效果，因为任何的增益改变或采用的信号处理均需要重新进行量化。开始时采用的量化步阶越多，对模拟信号的表示就越准确。

线性 PCM 数字音频的每一量化步阶都与原始的模拟信号近似。量化步阶的数量是固定的，但理论上模拟电平的数量是无限的。由于量化步阶是对原始模拟电平的近似，因此在任何数字表示法中都会存在一定的误差。量化误差从本质上来说就是音频信号的失真。工程师一般采用抖动处理来减少或消除量化误差失真，无论是否使用噪声塑形，它都会使量化误差随机化。由于抖动处理是将量化误差随机化，所以失真演变成了相对而言通常更易于被人接受的低电平噪声。

有关幅度量化处理的有趣之处在于信误比会随着信号电平的降低而下降。换言之，电平较低时的误差会比较明显。在数字音频的最大可记录电平（0dBFS）之下，每 6dB 用一个二进制比特。每减少 1bit，量化的步阶就会减半。以 16bit/采样点来记录 –12dBFS 的幅度将只能使用 16 个 bit 中的 14 个，表示出的总量化步阶为 16 384 个（或 2^{14} 个）。

虽然所要录制的信号峰值可以接近 0dBFS 电平，但是这时普通缩混中其他较低电平的声音就可能要承受更大的量化误差。许多具有大动态范围的录音可能都包含一些电平远低于 0dBFS 的部分。一个录音中低电平声音的例子就是混响及其产生的空间感。由于过分的量化误差（可能是由比特深度减小所致），混响所传递的深度感和宽度感在一定程度上消失了。通过在降低比特深度过程中采用抖动处理来实现量化误差随机化，可在一定程度上恢复失去的空间感和混响感，但所付出的代价是增加了一些噪声。

有时，工程师将降低比特深度的处理方式作为一种失真效果。该插件通常被称为比特破碎机，它只是用更少的比特数重新量化音频信号。一个用 3bit 量化的正弦波如图 5.5 所示，给出了 8 个（2^3 个）离散幅度步阶。通过对正弦音的比特破碎波形进行近距离细致观察，可以发现负值在数量上多于正值。这是因为有偶数个离散幅度步阶，且中点必须在 0 处。

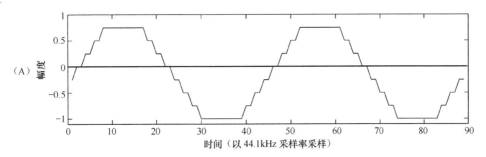

图5.5 采用3bit量化的1kHz正弦波

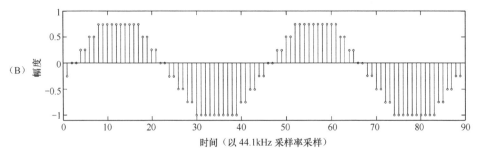

图5.5 采用3bit量化的1kHz正弦波（续）

图 5.5 中所示的是一个采用 3bit 量化的 1kHz 正弦波，呈现出 8 个步阶。图 5.5(A)是以锯齿状、连续线的形式显示出来的如同在数字音频工作站中的波形。实际上，图 5.5(B) 是更为准确的正弦波显示方法，因为我们只知道每个采样点的信号电平。每个采样点之间的时间没有被定义。

5.3 软件练习模块

本书所提供的软件练习模块"技术性听觉训练—失真"重点关注的是失真，它可以让听音人针对 3 种不同类型的失真进行听力练习，这 3 种失真类型分别是：软削波、硬削波和比特深度减少所引发的失真。

该软件练习模块有两种主要的实践练习类型：匹配模式和绝对性识别模式。该软件练习模块的总体功能与之前讨论过的其他模块类似。

5.4 感知编码器失真

随着流媒体和互联网下载音乐形式的日益普及，感知编码格式的音乐已无处不在，其中最为家喻户晓的音乐格式就是 MP3。此外，还有许多其他有损格式的编解码方案，比如 AAC(Advanced Audio Coding，先进的音频编码，在苹果公司的 iTunes Store 中使用)、WMA(Windows Media Audio)、AC-3(Dolby Digital，也称为杜比数字) 和 DTS(Digital Theater System，数字影院系统)。

将线性 PCM 数字音频（AIFF、WAV ）转换为 AAC、MP3、WMA、Ogg Vorbis 或其他有损编码格式的过程非常复杂，这涉及数学知识。简单地说，编码器对信号进行某种频谱分析，以确定信号的频率成分和动态振幅包络。然后调整每个频段的量化分辨率，使增加的噪声位于掩蔽门限之下。因此，编码、解码处理通过使用更少量的比特数进行量化，减少了用于表示数字音频信号所需的数据量，并根据心理声学模型舍去了信号中听不清的信号成分。在这些听不清的信号成分中，有一部分是被录音中较响频率掩蔽的较安静频率。那些被确认为是被掩蔽或不可闻的频率成分都将被舍去，最终被编码音频信号用比表示原始信号更少的数据来表达。不幸的是，编码处理过程也舍去了一些音频信号中的可闻成分，因此编码音频信号相对于原始未编码信号质量下降了。

本节关注音频数据的有损压缩，音频数据的有损压缩在编码过程中舍去了部分音频成分，从而降低了音频信号的质量。还有一些无损编码格式可以在不删除任何音频成分的情况下减小音频文件的大小，比如 FLAC(Free Lossless Audio Codec，自由无损音频编解码) 和 ALAC(Apple Lossless Audio Codec，苹果无损音频编解码)。无损编码相当于计算机中的 ZIP 文件格式，它只减小文件的大小，而不会删掉文件的实际数据。

当工程师将线性 PCM 数字音频文件 (WAV 或 AIFF) 转换为数据压缩的有损格式文件 (如 MP3 或 AAC) 时，编码器通常会删除原始音频文件中 70% 以上的数据。然而，编码音频听起来往往非常接近原始未压缩的音频文件。编码器实际删除的数据百分比取决于工程师为新编码音频设置的目标比特率。例如，未压缩的 CD 音频质量的比特率是 1411.2kbit/s(44 100 个采样点 /s×16bit/ 采样点 ×2 声道音频 =1 411 200bit/s)。iTunes Store 中的 iTunes Plus 音频的比特率是 256kbit/s。苹果音乐 (Apple Music)、Spotify 和 TIDAL 等流媒体音频平台提供不同比特率和音质级别的音频。苹果音乐的流传输采用的是 256kbit/s 的 AAC。Spotify 指定 Ogg Vorbis 有损编码格式在 96kbit/s 时为 "正常音质"，在 160kbit/s 时为 "高质量音质"，在 320kbit/s 时为 "极高质量音质"。TIDAL 提供无损、未压缩线性 PCM 格式的 1411kbit/s FLAC(被称为 "Hi-Fi" 音质)，同时还提供了两种压缩格式——96kbit/s 的 AAC(被称为 "正常音质")，以及 320kbit/s 的 AAC(被称为 "高质量音质")。

虽然普通听众可能不会注意到高比特率感知编码音频与其他音频之间的差异，但经验丰富的音频工程师经常会在编码音频中听到音质的下降，并感到失望。虽然编码处理无法保持音频完美的音质，但相较于删掉的数据量，这已经相当理想了。音频工程师需要熟悉编码音频中出现的衍生物，并了解音质下降后的声音。

虽然由于编码处理过程中存在信号质量下降的问题，感知编码被认为是一种失真，但是这种失真很难被测量出来。由于很难获取有意义的与感知编码器的失真和音质相关的客观测量数据，所以编码器的研发公司和机构通常会和受过训练的、擅长听评因编码处理产生的可闻衍生物的听音团队合作。受过训练的专业听音人听评以各种比特率进行编码、并具有各种质量等级的音乐录音，然后根据主观评判的结果进行音频质量的评估。

经过多年的发展和进步，在编解码研发方面的主要进展体现为音频数据可以被更智能地去除，较低比特率时的音质透明度得到了提高。这也就是说，对于给定的比特率，新一代编码、解码处理所产生的可闻衍生物要比前几代的编解码产品所产生的更少。编解码器中采用的心理声学模型变得更为复杂，给这些模型建立的信号检测和数据压缩算法也变得更为精准。然而，当与原始的未改变的信号进行平行比较时，编码音频仍然包含了可闻的编码、解码衍生物。

一些可以用耳朵识别的编码失真衍生物及声音质量方面的问题如下。

- 清晰度和锐度。听打击乐器和瞬态信号在清晰度和锐度上的损失。清晰度损失转变成听感就是音乐听上去像蒙上了一层薄纱。与有损编码音频相比，线性 PCM 音频听起来更直接、更通透。一些低比特率编解码器的采样率为 22.05kHz，这意味着带宽只能扩展到 11kHz 左右，这也是清晰度降低的原因。

- 混响。听混响和其他低幅度成分的损失。混响损失的影响一般体现在录音作品缺乏深度和宽度感，同时音乐的空间包围感（声学的或人工的）不够明显。

- 振幅包络。咯咯声或嗖嗖声。在那些持续音上，尤其是钢琴和其他独奏乐器的演奏声或人声的持续，听起来没有实际上那么流畅，且其整体声音可以呈现出"金属质感"的音质。你可能会听到一种快速的、重复的震动效果。

- 非谐波高频声音。镲和类似于噪声的声音，比如观众的拍手声，可以呈现出嗖嗖声的音质。

- 时间拖尾。编解码器以数据块或样本块的形式处理音频信号，因此瞬态信号有时会被时间拖尾模糊。换句话说，当未经压缩的瞬态信号具有明显的音头特征和快速衰减特征时，它们的能量在被编码后会轻微地分散在更长的时间段内。这种时间拖尾通常会导致瞬态声音出现预回声和后回声。

- 低频和低音。在编码音频中，持续且饱满的声音减少了。

5.4.1 练习：线性 PCM 与编码音频的比较

当我们开始探索感知编码器降低声音质量的方式时，可能会发现，在更广泛的情况下人们会更容易识别这些衍生物。换句话说，一旦知道了要听什么，就会在许多地方都能听到这些衍生物（人工效果）。研究音质下降的方法之一就是将编码声音文件与原始声音文件进行比较，以识别任何可闻性差异。可以使用一些免费软件对音频进行编码处理，如苹果公司的 iTunes Player 和微软公司的 Windows Media Player。编码音频中的音质差异可能并不会马上显现，除非我们能够在听音时习惯于关注音频编码时产生的各种衍生物。

根据普遍接受的科学感知评价方法，没有任何停顿地在这两种音频信号之间进行来回切换是听到它们之间差异的最佳方法。一旦学会并具备了听辨编码器产生的衍生物类型的能力，就可以不采用编码与线性 PCM 两两比较的方法，也能较容易地进行听评。

首先以各种比特率将线性 PCM 音频文件编码成 MP3、AAC 或 WMA 格式，然后试听它们所产生的音频信号下降情况。比特率越低，得到的音频文件越小，但是这也导致了音质的下降。对于给定的比特率，由于采用的编码算法不同，即使基本原理是相似的，不同的编码、解码（MP3，AAC 和 WMA）也会产生稍微不同的结果。在原始线性 PCM 音频和编码格式间进行切换，试听一下不同风格类型音乐录音的编码效果。应注意每种比特率和每种编码器条件下，其所产生的声音衍生物的音质。听一下上文列出的衍生物和音质问题。

另外一种选择就是对来自在线资源的流媒体音频与手头上同一录音的线性 PCM 格式进行比较。大部分在线电台和音乐播放器（除了某些特殊播放器之外，如可以播放无损音频的 TIDAL）采用的都是较低比特率的音频文件格式，与 iTunes Store 等平台上的音频相比，这些音频文件格式中包含的编码衍生物更容易被听出来。

5.4.2 练习：减法

另一个有趣的训练就是从同一音频文件的原始线性 PCM 格式中减去编码的音频文件。为了完成这一练习，需要将线性 PCM 格式文件转换成一些编码形式文件，然后再以同一采样率将编码文件转换回线性 PCM 格式。将原始声音文件和编码 / 解码文件（现在为线性 PCM 格式）导入到数字音频工作站（DAW）中，并分别置于两个不同的立体声声轨上，尽可能将两者的时间线准确对齐，即尽可能达到采样点级的时间对齐。同步重放两个立体声声轨，将编码 / 解码文件的（左声道和右声道）极性反转，以便其从原始文件中减去。由于两个立体声声轨在时间线上是准确对齐的，因此两个声轨中同样的信息都将被抵消掉，留下来的音频便是原始音频与编码音频之间的差异。进行这样的练习，有助于使存在于编码音频中的衍生物类型更加凸显。

5.4.3 练习：Mid-Side 处理的音频编码听评

通过将编码文件分离成中间和侧向（M-S）分量，编码处理产生的一些衍生物就会暴露出来。感知编码处理依靠的是掩蔽效应，通过掩蔽来隐藏编码处理过程中产生的衍生物。当立体声录音被转换成 M 和 S 分量，并且移除 M 分量以后，一般的衍生物就会更容易被听出来。在许多录音中，特别是流行 / 摇滚风格的录音，M 分量是声音信号构成的主体部分，它能掩蔽掉大量的编码衍生物。单听 S 分量，编码衍生物就会变得更加清晰。

尝试用普通的比特率（比如 128kbit/s）对音频文件进行感知编码，并将其解码回线性 PCM 格式（WAV 或 AIFF 格式）。可以采用本书所提供的"技术性听觉练习—M-S 矩阵"练习模块来听 M-S 解码对于编解码影响的凸显效果。

总结

本章讨论了可能以不被自己察觉的方式而混到录音中的那些不想要的声音。虽然失真在作为一种声音效果时可以提供无限的创作可能性，但从过载中产生的无意失真会导致音频作品失去活力。通过用所提供的失真训练模块进行练习，你的听觉系统就会对一些常见类型的失真更加敏感，以便在其产生时就对这些失真进行纠正。虽然可以使用降噪和失真去除软件，但通过捕捉录音过程中可能出现的噪声和失真，可以节省很多后期制作的时间。

第6章

振幅包络与音频编辑点

第 4 章讨论了利用压缩器和扩展器进行动态处理来改变音频信号振幅包络的问题。本章将从稍微不同的视角来研究振幅包络及其听觉训练的问题，这一视角就是音频编辑软件的角度。

数字音频编辑处理过程，尤其是采用源—目标方法对古典或声学音乐进行编辑的过程，为听觉训练提供了极好的机会。同样，音乐编辑处理需要工程师具有敏锐的耳朵，以此来让音频剪辑精准、透明化。音乐编辑包括对一首音乐作品的各次录音条数不留痕迹地进行剪接，完成这一工作常常需要通过耳朵来特别精确地确认编辑点位置。本章将研究如何利用数字编辑属性进行系统的听觉训练。本章描述的基于音频编辑技术的软件工具，可以用于有效的技术性听觉训练，帮助我们获取音频编辑之外的益处。

6.1 数字音频编辑：源—目标技术

在介绍技术性听觉训练的软件和方法之前，我们要掌握古典音乐后期制作方面的数字音频编辑技术。古典音乐对编辑精度的要求极高，要求达到一定程度的自然和精准（或许要比其他类型的音乐要求更高一些）。

我从数百小时的古典音乐编辑经验中发现，凭借耳朵来重复调整编辑点位置和创建平缓的交叉渐变曲线，不仅有利于获得干净的录音作品，而且能提高工程师其他方面的听评能力。音频编辑需要高度集中听力，目的是挑选出最佳录音条并将它们的编辑点完美地匹配在一起，因此音乐编辑是技术性听觉训练的有效手段。

数字音频编辑系统可以展示信号的波形状态，并会沿着时间线进行音频文件的移动、插入、复制或粘贴等操作。源—目标编辑，也被称为四点编辑，提供了一种稍微不同于简单移动声音片段或区域、对录音条进行细微修剪的工作流程。只有部分数字音频工作站提供源—目标编辑功能，如 Merging Technologies 公司（提供 Pyramix）和 Magix 公司（提供 Sequoia）。

当使用源—目标编辑方法编辑古典音乐时，我会从头到尾地听同一乐段不同次数的录音，并找到要从某一条录音片段剪接或编辑到另一条录音片段的音符。首先我会粗略标记一下时间线的位置，然后通过耳朵听音来确定编辑点的精确位置。虽然数字音频工作站中的波形视图有助于粗略地标记编辑点的大概位置，但是通过耳朵来查找编辑点的精确位置一般要比通过查找一些波形上的视觉特征更有效、更准确。

在编辑处理过程中，我会拿到录音期间创建的场记清单，还会参照乐谱把每一乐段演奏最佳的录音挑出来组成一首完整的乐曲。通过源—目标编辑方法，工程师可以从录音场记清单中选取各段最好的录音片段（源），并将这些片段结合在一起，从而构建出完整的音乐作品（目标）。

在源—目标编辑中，要通过边看乐谱边听录音的方式来找到音频编辑点的位置。然后，在具有可视波形的数字音频工作站中找到对应的时间线标记编辑点。作为剪辑工程师，我通常会审听一小段（时长 0.5 ～ 5s）录音片段，确定需要进行编辑的特定音符。接下来，审听同一乐段不同次数的录音，并与之前听的录音片段进行比较。通常工程师会精准地在音符的起点放置一个编辑点，这样从一个录音片段过渡到另一个录音片段的连接点将会是准确且自然的。源—目标编辑法允许工程师在每个录音片段剪辑点标记线之前多试听几秒音频，且可以使音频准确地停在标记线剪辑点处。编辑工程师的目标就是集中精力去听片段最后几毫秒时间段内出现的音符起始声音特征，通过调整编辑点的位置（也就是片段的终止点）来匹配不同次数录音片段的音质。编辑点标记线可能是一个标记在音频信号波形上的可移动的大括号，如图 6.1 所示。工程师关注的重点是对找到合适编辑点起非常关键作用的最后几毫秒音频片段。在选择一个音符的起始点作为编辑点时，非常重要的一点是要把编辑点切实设定在音符音头最开始的地方。图 6.1 所示的门（方括号表示编辑点）与音符的音头是对齐的。

当试听一段音频时，在音符的起始位置只听这个音符的前几毫秒或几十毫秒的声音。在音符的起始处立即停止播放，可以听到一种瞬态的、有冲击感的声音。剪切音符的特殊声音将直接随着剪切之前输入音符的量而变化。以框图的形式表示的试听源和目标素材的处理如图 6.2 所示。

一旦音频片段剪切点之间的音色可以完美融合在一起，就可以进行从一个录音片段过渡到另一个录音片段的编辑点交叉渐变，同时试听并检查这个剪辑点是否存在声音异常等情况。以框图的形式显示的是，由同一音乐素材的 3 个不同源片段组合而成的最终声音版本（目标）如图 6.3 所示。

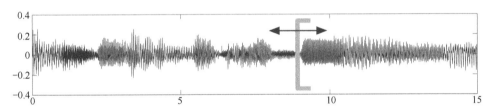

图6.1　数字编辑器的典型波形视图，带有编辑点标记线，并显示出编辑点位置和
音频交叉渐变、进入新的录音片段的方式

在图 6.1 中，大括号代表的标志线位置，可进行时间上的调整（向左 / 前移、向右 / 后移）。箭头表示括号可以左右滑动。工程师将以预定的预卷时间（通常时间长度是 0.5 ~ 5s）来审听大括号前后的声音

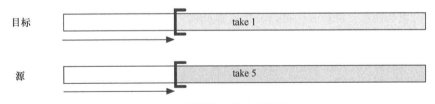

图6.2　试听源和目标素材的处理

在图 6.2 中，这里的软件模块重建了这样一个过程：审听一个声音片段，直到某个预定点，并使这个结束点能够在第二个声音片段中得到匹配。当工程师为选择编辑点而试听源片段和目标音频片段时，一般会将试听起始点放在音符或强拍的开头。在进行编辑时，两个音频片段（源和目标）虽是同样的音乐素材但却来自不同次数的录音。工程师的目标之一是匹配源和目标片段在剪辑点处的声音（由每个片段中的剪辑标记线位置进行标记）。两个片段在剪切点处的音色越相似，编辑就越成功。

图 6.3 中的源和目标波形时间线用框图来表示，所示的例子是将一组不同次录音（源）合成在一起，构成一条完整表演（目标）的情况。在本例中，录音片段 1、片段 2 和片段 3 是同样的音乐素材，因此目标是由各次录音选出的最佳录音合成得到的。

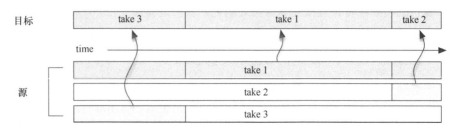

图6.3 由同一音乐素材的3个不同源片段组合而成的最终声音版本（目标）

在试听交叉渐变剪辑点的过程中，还要格外注意每一个交叉渐变的音质，根据编辑点前后的内容，一般的交叉渐变长度在几毫秒到几百毫秒之间。也就是说，应使用较短的交叉渐变来处理瞬态的声音或具有快速音头的音符，而使用较长的交叉渐变来处理持续性的长音。

反复试听交叉渐变的处理和调整交叉渐变参数，如渐变长度、渐变位置、渐变形状，这也为提高听评能力提供了机会。例如，在编辑任何类型的音频源作品时，工程师的目标是使经过编辑的合成音频无缝对接，不产生可闻的剪辑痕迹。古典音乐录音会包含大量的编辑片段，而有些录音每分钟的编辑次数为 10 次或 10 次以上，如果录音编辑得很好，则几乎听不到任何的剪辑点。一些可以在编辑录音时或其他商业录音中听到的由交叉渐变形成的剪辑痕迹问题如下。

- 轻微的电平瞬时下降所造成的声音
- 轻微的电平瞬时提升所造成的声音
- 音符起始处或语音音节被剪辑的声音
- 时间不匹配——也许编辑之后的音符会出现轻微抢拍或延迟的声音
- 空间环境或混响的突然变化产生的声音效果，例如把某个编辑点放在了乐曲中间的某个位置，但该录音片段没有延续之前声音所处声学环境的效果
- 低频重击
- 一种加倍的、镶边的或相位移动产生的声音效果，尤其使用较长的交叉渐变时所产生的声音
- 立体声声像中的移动

- 音色变化
- 编辑后的声音响度突然变化
- 歌手或演讲者的呼吸音被切断
- 咔嗒声（如果交叉渐变过渡长度非常短的话）

6.2　软件练习模块

基于源—目标编辑方法，本书给出的听觉软件练习模块被设计成模仿"对比同一段音乐片段不同次录音最后几毫秒"这一处理过程的形式。该软件练习模块的优点是无须借助实际的编辑项目就可以提高听评能力。练习模块和实际编辑项目之间的主要区别是，该练习模块只使用一个音频片段，即导入的任何线性 PCM 声音文件；在实际编辑项目中，工程师使用相同音频材料的不同次音频片段。由于存在这种差异，所以两个音频片段实际上是相同的音频信号，故可以找到听上去一样的结束点。以这种方法练习的好处是，如果声音片段准确结束于同一点，则软件能够判断出来。

首先，可以导入持续时间最少为 10s 的任何音频文件。本软件从导入软件的任意立体声录音中随机选择一小段声音片段（被称为片段 1，或参考基准）。片段 1 的确切持续时间没有显示出来，但可以通过在界面中按下数字 1 来聆听。为了保证我们不是简单地去识别片段的持续时间，该软件随机选取了长度在 500ms ~ 2s 不等的录音片段。可以对片段 1 和片段 2 进行无数次比较。片段 2 的持续时间会显示在用户界面中。

练习的目的是调整片段 2 的持续时间，直到其剪切点与片段 1 相同。通过关注并聆听每一声音片段剪切点最后几毫秒的振幅包络、音色和音乐内容，对这两个录音片段进行比较，并调整片段 2 的长度，使其与片段 1 的剪切点声音相匹配。通过对片段 2 进行反复试听、比较和长度调整，我们可以知悉片段 1 剪切点的声音特征，调整片段 2 的长度，直到它的剪切点与片段 1 听起来完全一样。

可以在时间线上通过"挪动"结束点调整片段 2 的长度。可以选择不同的时间步阶递增量：5ms、10ms、15ms、25ms、50ms 或 100ms。时间步阶递增量越短，就越难听到一个步阶到另一步阶间的差异。

图 6.4 所示的是时间长度为 825 ~ 900ms，彼此按 25ms 递增的 4 个声音片段的波形。这一特例表示片段的结束点是如何根据所选择的时间长度产生明显变化的。尽管图 6.4 中片段 2（850ms）和片段 3（875ms）的波形看上去相似，但

是在剪切点处可以感知到打击乐或瞬态声音有明显的不同。步阶或递增量越小，两个步阶间的差异越不明显，要想正确识别则需要进行更多的训练。

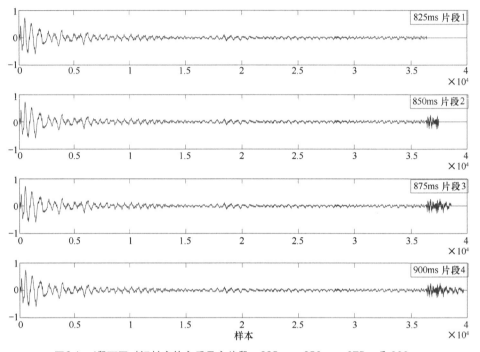

图6.4　4段不同时间长度的音乐录音片段：825ms、850ms、875ms和900ms

图 6.4 所示的这一特例表示出了片段的结束点是如何根据所选择的时间长度产生明显变化的。应该重点关注录音片段的剪切点处瞬态声音的音质，以决定它是否与参考基准有最大程度的相似性。虽然 825ms 持续时间的声音片段在结束处有微弱的打击乐声音，但是由于开始发声的音符（在本例中是鼓的敲击声）几乎完全被截掉了，因此听上去只有咔嗒声。在这个特殊的例子中，可以集中精力听片段剪切点处鼓敲击的冲击感、音色和包络，从而决定正确的声音片段长度。

确定好声音片段长度后，单击"检查答案"按钮，找出正确的持续时间。知道了片段正确的持续时间，就可以针对问题继续对比试听这两个音频片段。该软件能显示出之前问题的答案是否正确，如果不正确，它会显示片段 2 是太短还是太长，误差量有多大。图 6.5 所示是软件模块的屏幕截图。

这里没有显示在数字音频编辑界面中经常看到的波形视图，因为培训的目标是创建一种环境，在这种环境中，我们只依赖于听到的声音，从而降低了对声音信号视觉信息的依赖性。但是，此处有一个绿色进度条，实时跟踪片段 2 的重放，并随播放长度的增加而移动，以此作为片段 2 正在回放的指示。另外，当声音重放时，对应片段的重放按钮会变绿；而当回放停止时，按钮变回灰色。

采用这种听音训练方法的目的是将一段声音与另一段声音进行比较，并尝试相互匹配。不需要将声音的属性转换成口头表述，而是要将听音注意力完全转移到我们对音频信号特性的感知上。尽管数字显示指示出了声音片段的长度，但是这一数字只作为保持跟踪设定结束点位置的参考。数字只针对特定的截取长度，而与所听到的声音特性无关。例如，随机选择的 600ms 声音片段与其他随机选择的 600ms 声音片段有不同的剪切点特征。

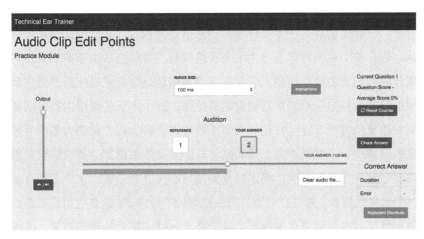

图6.5　训练软件的屏幕截图

标有"1"和"2"的大方框分别是片段 1 和片段 2 的重放按钮。片段 1（参考基准）的时长是未知的，必须通过调整片段 2 的长度来匹配片段 1。片段 2 播放按钮下面有两个水平进度条，其中上面的带白色圆点的进度条表示片段 2 的持续时间，时间线为 0 ～ 2000ms。下面的进度条会随着播放时长的增加而移动，直到播放到上面进度条中的小白点处为止（从左至右播放），以此跟踪片段 2 的重放，并为片段 2 的重放提供了一个视觉上的提示

建议从难度较小的练习开始，即选用 100ms 这种大的变化步阶，然后逐步过渡到最具挑战性的 5ms 进行练习。

绝大多数线性 PCM 格式（AIFF 或 WAV 格式）的立体声录音可用于该听觉训练软件，只要其时间长度在 30s 以上即可。

6.3 练习的重点

正如本章所描述的那样，这个训练模块的主要目的是帮助工程师关注特定时间点的信号振幅包络，即截取的一小段音频的剪切点。尽管没有对音频信号进行过任何处理（除了快速淡出处理），但是剪切点的位置决定了在什么位置剪切，以及如何剪切音符。在本练习中我们主要关注片段 1 的最后几毫秒，保持对它的听感记忆，并将该记忆与片段 2 进行比较。

由于软件随机选取了截取声音片段的位置，所以剪切点可能会出现在音频信号的任何地方。这里指出两个关于剪切位置的特例：剪切点在强音符或强拍开始处的时刻、剪切点在强拍之间持续音符发生期间的时刻。

首先，研究剪切点落在强音符或强拍开始处的情况。如果剪切位置出现在音符的起始处，剪切点上可能会产生一个瞬态信号，其特征取决于剪切点相对于音符振幅包络的精确位置。然后，可以通过调整剪切点位置来匹配所产生的瞬态声音。根据音符或打击乐器的声音被剪切的位置，这个声音的频谱内容将随音符持续时间被改变的情况而发生变化。相对于较长的音符片段，越短的音符片段将具有越高的频谱质心，并且声音也越明亮。音频信号的频谱质心是该信号频谱的平均频率。它是一个单个数字，描述的是频谱质心所处的位置，这给工程师提供了一些关于音色的提示。如果在截取片段的结尾处有咔嗒声（这是由剪切点造成的），则咔嗒声就可以作为结束点的提示。我们需要评估咔嗒声的频谱质量，并根据咔嗒声的持续时间匹配移动剪切点的位置。

接下来，讨论在持续音上或正在衰减的音频信号中出现的剪切点。对于这种类型的剪辑，关注重点应放在持续信号的延续过程中，并匹配其长度。这可以比作调整具有较短释放时间的噪声门（动态处理器）的持续时间。针对这种匹配类型，可以重点关注音乐方面的特征，比如节拍和速度，以确定音符在最后被剪切之前所保持的时间。

对于任意结束点位置的情况，我们的目标是跟踪片段结束处的振幅包络和频谱成分。希望这个练习中涉及的技巧有助于提高读者的听力敏感度，使读者更容易听出录音中那些并不明显的微小细节，而这些细节在花费大量时间进行数字音频编辑之前是很难被感知到的。进行训练时，你可能会发现在从头到尾听整个音乐作品时那些不被注意的录音细节。通过审听从整个音乐作品中截取出来的小段，我开始用新的方式审听录制作品中的声音元素了，有些声音会因没有了掩蔽而变得更容易被听出来。这样便可以将听音的重点放在较长的选段上、全部被掩蔽的那些属性上，或者较长篇幅作品中表现并不太明显的属性上。在听整段音乐时，我们的听觉系统会试图追随音乐线条、音色和空间特征，所以注意力似乎被不断拉长并分散在整首乐曲中，而且我们没有时间面面俱到地关注音乐的各个方面。当截取一小段录音时，可以通过快速重复播放保持短时记忆能力，这时就可以把整首乐曲听不到的细节重新整理出来。重复播放的声音片段会使我们对音频信号的感知出现变化。同样，如果一遍又一遍地重复一个单词，这个单词的意思就会瞬间消失，我们会开始关注这个单词的音色而不是它的意思了。作曲家（尤其是极简主义音乐的作曲家）一般选取出音乐录音中的若干乐句或从某个录音中截取出来的片段，将其重复使用，以创造出新类型的声音和感知效果，使听音人听到之前表现并不明显的声音细节。举个例子，斯蒂夫·莱奇（Steve Reich）的 *It's Gonna Rain* 中使用了一个人说 "It's gonna rain" 的录音片段，并在两台模拟磁带机上进行回放。在这首歌中，莱奇将这三个单词或这三个单词组成的声音进行循环，通过在两台模拟磁带机之间逐渐增加的延迟效果创建了音乐的节奏感、空间感和音质效果。他利用了人类听觉系统的自然倾向，即在声音中寻找规律，并在一遍又一遍的重复中丢掉这些单词的实际含义。

　　这种听音训练方法有助于我们将听力集中在给定节目素材中的那些较安静或低电平的声音属性上（在较响段落间的声音属性）。声音中较为安静的段落，其声音属性的部分或大部分可能被掩蔽，而且听感并不明显，或者处于可感知的声音场景或声音舞台的背景中。还有另外一些相关示例如下。

- 特定乐器的混响和延时效果
- 经过动态范围压缩后，特定乐器产生的衍生噪声
- 特定乐器的音质，如鼓手用鼓刷划过鼓面的声音，或者爵士乐中低音提琴的特殊演奏法等
- 每段人声 / 乐器声的特定属性，比如幅度包络各阶段的时间属性或空间位置（起音段、衰减段、延音段和释音段）
- 声场内各个声音成分的清晰度和精确度，各个成分的宽度

　　从录音作品中截取出的声音会给人带来一种新的音质感和音乐感。当反复播放一段音乐片段时，我们常常能听到来自截取片段的其他音乐细节，而这些细节不一定会在整个作品中被注意到。

在创建这个练习模块时，我随意选择了一首歌作为声音文件来测试本书配套软件：斯坦·盖茨（Stan Getz）、若昂·吉尔伯托（João Gilberto）和安东尼奥·卡洛斯·裘宾（Antônio Carlos Jobim）的爵士—波萨诺伐舞曲风格的作品 *Desafinado*（这首歌来自他们 1964 年的专辑 *Getz/Gilberto*）。这段录音的特点是它突出了人声、萨克斯管、声学贝斯、声学吉他、钢琴的声音和轻轻敲击的鼓声。通过测试和泛听，我对这首歌曲录音中的音色和音质产生了全新的印象。尽管从制作的角度来看，这似乎是一个相当简单的录音作品——所有声学乐器的声音都经过了尽可能少的处理。但我还是通过仔细聆听混响、音色和动态范围发现了一些微小细节。在这段音乐录音中，打击乐器相对安静，并且多处于背景声音当中，但是如果截取的片段处在人声乐句或吉他和声之间，那么当匹配练习（matching exercise）模块改变了关注重点时，就可能会感觉打击乐器的声像位置向前移了。如果能更清楚地听到打击乐声部，那么就可以更容易地将关注点集中在打击乐的特性上来，比如它们的混响或回声。一旦简短的片段中的细节被识别出来，就可以更容易地听出整个录音作品中包含的这些属性了，同时还可以将这些声音属性方面的知识移植到其他录音当中。

总结

本章介绍了一种基于源—目标音频编辑技术的听觉训练方法。进行准确的音频编辑需要具备一定的听评能力，因此，寻找和匹配编辑点的过程可以作为听觉训练的一种有效形式。采用交互式软件练习模块进行练习，目的是练习将一个截取的声音片段与一个参考基准声音片段进行长度匹配。通过重点关注录音片段最后几毫秒的音色和振幅包络，就可以根据任意瞬态属性和持续信号的长度来确定结束点的位置。由于不采用文字或有意义的数字描述符对声音进行描述，练习的重点仅集中在感知音频信号和匹配音频信号的结束点上面。

在任何音频作品中，尽量听一听如下元素。

- 瞬态声音的音质——尖锐而清晰还是宽泛而模糊
- 出现的任何剪切或淡出的形式
- 每个信号的振幅包络
- 低电平和背景元素，如混响

第 **7** 章

声音的分析

　　本书将从更为宏观的角度来研究声音的质量和音乐制作。结合每个练习模块和之前章节中所讨论过的特定类型处理的实际使用经验，本章将以更为宽泛的录音或声学声音内容所包含的声音属性作为讨论的重点。

　　录音是对音乐表演的一种诠释，也是音乐表演的一种特定表现形式。听录音作品与去现场欣赏演出是不一样的，即便是那些几乎没有经过过多信号处理、有意传达音乐会现场体验感的录音也是如此。录音作品会让欣赏者体验到比欣赏现场演出更为具象和清晰的声音效果，同时还可以建立起空间感。这有时是一个比较矛盾的观点。坐在离舞台比较近的位置时，人们可以获得相对清晰的声音感受。但同时，由于存在一定的混响能量，通过工程师对录音作品的处理，人们还可以获得在较远的位置欣赏音乐的体验。进一步而言，录音工程师和制作人常常会调整电平之间的关系，并通过对音乐作品的处理来强调作品中最为重要的特征属性，引导听众拥有特定的音乐体验。音乐家在表演中会在一定程度上做到这一点，但在录音作品中，这种效果会更加突出。

　　每个音频项目，无论是音乐录制、现场扩声、电影原声还是游戏原声，都有其独特的音质、空间感和动态特性。根据自己的兴趣来聆听大量不同类型的音乐录音、电影或游戏的录音作品十分重要，这有助于我们学习每种录音中的音频处理方法。而且，通过熟悉不同风格音乐的录音与缩混特征，我们可以把从中学到的知识应用到自己的工作当中。在进行录音、缩混或母带处理的时候，就可以依靠自己内心的音质和缩混平衡参考基准来进行录音项目的制作工作。听评时越积极，内心的参考基准就越稳固与强大。从音质和制作的角度来看，对于那些有趣的录音作品，可以留意一下其背后的制作团队，尤其是制作人、录音工程师、缩混工程师和母带处理工程师。对于以数字形式发行的录音作品，制作团队成员列表并不一定附在作品当中，但是可以通过查询一些网站找到相关参考信息。流媒体服务提供商——TIDAL，会在它的许多录音作品上列出制作团队的相关信息。查阅和审听工程师和制作人之前的录音作品，会帮助你了解这些录音师各种个性化的制作风格和技术处理方法。换言之，通过泛听某个工程师的各种录音，你会发现其录音作品中的相同之处，以及这个人的录音作品与其他人录音作品的不同之处。此外，你可以把这部分的技术性听觉训练当作对不同录音作品中录音技术和制作技术的一种学习。

7.1 对于音箱和耳机声音的分析

培养听评能力，需要积极而广泛地考察、研究和分析录音作品，这样能更高效地理解和学习特定艺术家、制作人和工程师塑造声音的特点。通过积极地分析各个录音作品，可以学会从音色、空间感和动态的角度找到录音作品成功的原因。

不过，积极地进行听评练习不会让我们一夜之间成为专业的听音人。这需要时间上的积累，需要听成百上千条录音，在这一过程中没有捷径可走。此外，成为专业的听音人还需要高度集中注意力。听音过程中，必须摒弃各种视觉干扰，关掉社交媒体和移动设备上的各种声音，专心致志地听辨录音。这看似很简单，但确实需要投入大量精力来集中注意力并积极地听音。需要强调的是，短而有规律的听音练习比长而无规律的听音练习要有效得多。

录音的音质、技术保真度和声音特征对于能否清晰地向欣赏者传达音乐的艺术含义，以及录音的创作意图来说至关重要。可以通过解构立体声声像成分来掌握更多关于混响和延时、声像处理、声源的层次化和平衡、动态处理及均衡等操作。

以最基本的水平来看，声音缩混处理本质上包括随时间推移而进行的增益控制和电平改变，以及延时处理。变化不论是发生在全频段上还是某些特定频段上，也不论是静态的还是时变的，不论是手动的还是压缩器自动的，声音缩混的基本方法就是对声音电平或幅度进行控制。单件乐器甚至是单一音符的电平都可以升降，以强调音乐的含义。延时则是混响、反射和回声的基本构成要素。

在进行审听和分析的过程中，存在多种解构的分层处理，可以是整个缩混总体特征的处理，也可以是针对每一声源特定细节的处理。随着对录音越来越深入地分析，在审听方面经验丰富的工程师就会开始根据声像中的成分在音色和振幅包络上的特征，推测出录音和缩混期间人们使用过了何种型号的设备。

我们可以分析由一对音箱重放产生的立体声声像的属性，其范围是从非常明显的声音属性到几乎感知不到的声音属性。作为一种感知学习类型的听觉训练，其目的就是要培养对重放声音，尤其是对那些在进行训练之前听上去并不明显的声音属性的识别和区分能力。此外，通过仔细地听辨已经发行的录音作品，可以把从中学到的听音技能应用到工程师自己的录音和后期制作中。

下面将重点分析立体声或环绕声声像的一些特定属性。下面的列表中包含的参量是欧洲广播联合学会技术文件（European Broadcasting Union Technical Document）3286 中给出的，该文件的标题是 *Assessment Methods for the Subjective Evaluation of the Quality of Sound Programme Material—Music*（关于音乐声音节目素材质量主观评价的评估方法）[*European Broadcasting Union*(EBU)，1997]。

- 总体的带宽
- 频谱平衡
- 听觉感知的声像
- 空间感、混响和基于时间的效果
- 动态范围、电平或增益变化、动态处理（压缩器 / 扩展器）的衍生物
- 噪声和失真
- 缩混中各成分间的平衡（乐器声 / 人声 / 其他声音）

7.1.1　总体带宽

总体带宽是指频谱成分的范围，即其音频频谱的最低频率与最高频率之间的跨度。我们的目标是通过听音来估计录音中的最高频率和最低频率（或频率范围）。换言之，录音中的最低频率有多低？最高频率有多高？下一个练习将侧重于各频率范围之间的相对平衡问题。为了感受较低和较高的两个频率范围，可以尝试在较低的倍频程（例如 20 ~ 80Hz）和较高的 1 倍频程（10kHz ~ 20kHz）中以不

同的频率播放正弦音。

尝试使用高通滤波器和低通滤波器来聆听缩窄带宽对于录音作品的影响。从设置为 20Hz 的高通滤波器开始，逐渐增加截止频率，直到它开始影响录音中的最低频率为止。这有助于对这个录音作品的低频范围进行预估。接下来，使用一个设置为 20 000Hz 的低通滤波器，逐渐降低截止频率，直到它开始影响录音作品的音质为止。在这一过程中，可能需要打开和关闭滤波器来对比感知相关频率。最后，应尝试一下在不使用滤波器的情况下仅通过听音完成对频率范围的识别。

对录音中的低频和高频延伸范围的积极关注将有助于我们建立起关于带宽的内心参考基准。

在聆听时，可以多问以下问题。

- 录音带宽是否扩展到人类听觉的全部范围（20Hz ~ 20kHz），或者在某种程度上其带宽受限制？
- 低音提琴、电贝斯、低音鼓（底鼓）或雷鸣效果的最低谐波有多低？
- 录音中是否有在频率上比乐器声和人声还低的无关声音？比如传声器支架发出的撞击声或空调处理系统发出的低频隆隆声。
- 哪个声音成分是最高谐波？虽然音乐中最高音符的基音频率不会比 4kHz 高太多，但是来自镲和铜管乐器的泛音很容易达到 20kHz。要判断高频的延伸范围，需要考虑录音中频率最高的泛音。

为了能够听辨这些声音，需要一个在低频和高频都尽可能延伸的播放系统。通常情况下，和耳机相比，音箱会提供更多的低频扩展内容。但我们也可以利用手边现有的设备来进行练习，不要一直等到拥有更多装备之后才开始进行听音训练。

模拟 FM 广播频率上限仅延伸至 15kHz 左右，而标准电话通信的带宽范围则为 300 ~ 3000Hz。录音的带宽是受录音介质制约的，音响系统的带宽可能会受其电子元器件的限制，数字信号的带宽则可能向下采样至较窄的带宽，以节约数据传输的资源。对录音设备或滤波器的选择可以用来主动减小声音的带宽，即让乐器在声学上的带宽与被录制后的声音的带宽产生差异。

7.1.2 频谱或音色平衡

正如在第 2 章所阐述的，频谱平衡或音色平衡是指各频带相对于整个音频频谱的电平。在基本层面上，可以描述高频与低频的平衡。如果录音听起来比较明亮，说明高频能量比低频能量多。如果录音听起来较闷，那么录音的低频能量比高频能量多一些。如第 6 章所述，频谱质心是对频谱平均频率的客观测量，所以一个听起来明亮的录音会具有更高的频谱质心。当然，正如在第 2 章中讨论过的，工程师可以更精确地判断频谱平衡，并识别特定的频率共振（提升）和反共振（衰减）。

　　音频信号的功率谱有助于信号频谱平衡的可视化。大多数实时分析器使用一种被称为快速傅里叶变换（FFT）的数学运算方式来计算功率谱，它会显示信号的频率成分和频带的相对振幅。当在一段时间内取平均值并用对数频率刻度对其进行图示时，粉红噪声的频谱平衡是平坦的。同样，人们感知到的粉红噪声在整个频率范围内具有均等的能量，所以具有平坦的频谱平衡。

　　当练习对频谱平衡进行主观分析时，应在两个层次上进行听音：首先是整体的混音，然后是混音中的各个成分。第 2 章归纳整理了有关频率共振的组合和数量（例如至多有 3 个位于 1 倍频程或 1/3 倍频程频率的成分受到影响），当前讨论的主观分析会涉及任何频率或频率组合。当从更广泛的角度来看待录音或缩混时，应解决如下问题。

- 是否存在比其他频带的能量更强或更弱的频带？
  - 如果是，试着确定共振是否影响缩混中特定的乐器声、人声或其他声音。
  - 是否存在比其他音符更强的特定音符？另一种思考频率共振的方法就是把它们和音符联系起来。
- 能否将共振频率点精确到具体赫兹的程度？
  - 回想一下第 2 章的 1 倍频程和 1/3 倍频程频率的训练，试着用记忆来匹配 1 倍频程或可能的 1/3 倍频程频率的共振。
- 每个共振有多突出？
- 在频谱上有任何衰减（缺失）吗？在特定频率上的反共振或频率缺失更难识别，很难确定到底缺少了什么频率成分。那就再听一遍音符，有些音符可能比其他的音符更安静。

　　有意地使用均衡、将传声器摆放在乐器 / 讲话人 / 其他被录制时声源附近或某一乐器的特殊属性（比如鼓皮的调谐）等都有可能使录音产生频率共振。传声器摆放的位置和方位角度会对所拾取乐器声音的频谱平衡产生明显影响。由于乐器通常具有随频率而变化的声辐射模式，因此传声器相对于乐器的位置而言是至关重要的。有关乐器声辐射模式的更多资料，可参考尤尔根·迈耶（Jürgen Meyer）撰写的《声学及音乐表演：声学家、音频工程师、音乐家、建筑师和乐器制造者手册》（Acoustics and Performance of Music: Manual for Acousticians, Audio Engineers, Musicians, Architects and Musical Instrument Makers，2009）；迈克尔·迪克赖特（Michael Dickreiter）所撰写的《录音技术：拾音环境、声源和传声器技术》（Tonmeister Technology: Recording Environments, Sound Sources, and Microphone Techniques，1989）也是一本比较好的参考书籍。

此外，由于录音空间的声学特性和大小，可能会出现共振模式，传声器也可能会拾取到该模式下的声音。共振模式可能会使乐器声音中某些特定频率的成分得到放大。所有这些因素都会对录音或声音重放系统的频谱平衡产生影响，如果源于不同传声器的共振发生于同一频率区域，那么还可能产生累积效应。

7.1.3　听觉感知的声像

按照沃斯劳·沃斯泽克（Wieslaw Woszczyk，1993）的定义，听觉感知的声像是"听音人通过获取的听觉信息所构建的外部世界的心理模型"。听音人可以对由一对音箱或音箱阵列发出的音频信号组合所产生的声像进行定位。对处在两只音箱之间各个位置上的声音的听感就是所谓的"立体声声像"。尽管在立体声重放时只有两个物理声源，但是却可以在真实的音箱之间建立起各个声源的幻象声源，而定位的那一位置实际上是不存在物理声源的。

善于利用全部的立体声声像（横跨由左至右的整个范围）是很重要的，人们在制作过程中有时候会忽略这一点。通过仔细听辨录音作品，可以从各类型作品中发现不同方式的声像平移及立体声声像处理的方法。可以通过移动标准声像电位器来控制声道间的幅度差异，以此在立体声声像中的任何位置创建单声道的幻象声源；也可以利用声道间的时间差来定位声源，即使这种技术在单声道声源的定位中应用得并不广泛。由于声音是由两只音箱发出的声音到达双耳的，所以通过音箱重放时，通道间的差异并不等同于两耳间的差异。标准的"空间间隔式立体声拾音技术"或"几乎共点式立体声拾音技术"（如 ORTF、NOS 和 A-B）被用于为放置在传声器周围的声源提供声道间振幅差异和时间差。这些立体声传声器技术利用传声器的极性模式和不同的方向角来产生声道间的振幅差异（ORTF 和 NOS），并利用传声器间的物理距离来产生声道间的时间差（ORTF、NOS 和 A-B）。

不同音乐类型的立体声录音作品的声像处理方法是不同的。例如，流行音乐和摇滚乐通常强调立体声声像的中间部分，因为底鼓声、小军鼓声、贝斯声和人声几乎总是被放置在中间的位置。吉他声、键盘乐器声、伴唱声、架子鼓的镲片和混响声可能会被放置到两边，但总体来说，大量能量来自中间位置。通过观察相位表，同样可以证实这些信息，具有很强中间成分的录音在相位表上的读数接近于 1。同样，如果反转一个声道的极性，然后将左、右声道相加，则会导致具有强中间声像的缩混发生明显的音频信号抵消。在左、右声道中均呈现相同成分的任何音频信号时（比如单声道声音或声像位于中间的声音），如果两个声道相减就会产生相互抵消（或与一个极性相反的声音混在一起）。

立体声声像中的声像处理和声音位置，对于听音人能否听清缩混中的各个声音元素有明显的影响。工程师还应考虑与声像处理相关的掩蔽现象，即一个声音的出现使另一个声音变得模糊的现象。各个声音的声像位置比较分散会让声音听上去更加清晰，原因是这样做会减少掩蔽现象，尤其当声音占据相同的音域或包含相似的频率成分时更应调整声像位置。乐器的声像处理会直接影响录音的缩混和平衡、音乐的含义及其所包含的信息，合理的声像处理可以让我们更加灵活地进行电平调整。

当聆听立体声声像宽度和声像从一边到另一边的分布情况时，以下问题将引导你进行探索和分析。

- 从整体上看，立体声声像感在音箱之间从左至右是平衡呈现的，还是存在一定程度上的声像缺失？
- 声像是宽广的还是偏单声道的？
  - 能量在立体声声像中主要位于中间位置（这意味着它更偏向于单声道的感觉），还是广泛分布的？
- 录音中各个声源的位置和宽度如何？
- 声像位置是稳定且明确的，还是模糊的？
  - 可以很容易地在立体声声像中确定声源的位置吗？
- 在声像中，声源的空间分布是否合理？

- 尤其是对于古典音乐的录音而言，根据你对舞台上乐手摆位惯例的了解，判断在立体声声像中音乐家的位置是否正确。你能区别左右位置颠倒的声音吗？

通过对每个录音都进行以上思考，听音人就可以建立和专业的音频工程师、制作人一样的在声像处理和立体声声像方面的敏锐感知力。

7.1.4　空间感、混响和基于时间的效果

录音中的空间处理（如混响、延时和回声等）对于传达音乐所要表达的情感和表现戏剧中的冲突是十分重要的。混响和回声有助于为音乐表演或戏剧情节建立一个声音场景。通过早期反射声和混响对音乐录音的塑造，可以让听音人的心灵沉浸在所塑造出的空间中。不论捕捉的是实际声学空间的声音，还是用来模拟真实空间而加入的人工混响，空间属性都会传递出有关空间大小的整体印象。长混响时间可以塑造更大的声学空间，而短混响时间或低声级的混响则会营造出更为亲密的较小空间的感觉。

空间感的分析可以分成如下几个方面。

- 房间尺寸：
    - 房间有多大？
    - 录音中是否存在一种以上的混响类型？
    - 混响是真实的还是人工的？
    - 混响时间近似有多长？
    - 在混响和早期反射声中有任何的回声或长延时吗？
- 深度透视感：所有声音的距离感都是一样的吗？
- 混响的频谱平衡如何？
- 直达声／混响声（直混比）如何？
- 存在任何强回声或延时吗？你能猜出任何明显回声的大概延时时间吗？回声是与音乐节奏一致的，还是独立存在的？
- 是否存在任何明显的基于时间的效果？比如合唱、镶边或相位效果。

古典音乐录音可以让听音人熟悉真实声学空间的混响。通常录音资金预算充裕的乐团和艺术家会选择在音乐厅或教堂进行录音，因为这些地点具有非常适合音乐表演的声学条件。通过传声器拾取到的真实声学空间中的声音所塑造的深度

感和空间感，通常是很难用在干声中添加人工混响的方法来模拟的。给干声加入人工混响产生的听感与一开始就在真实声学空间中拾取到的乐器声音是不一样的。如果用近距离传声器在声学比较"死"的空间中录制干声，传声器只会拾取到靠近传声器的直达声，而很少会拾取辐射到其他方向的声音。当在一个大的、现场声学条件比较好的空间中录制时，通常录音中的大部分声音来自放置在离最近乐器几英尺（1 英尺为 30.48cm）以外的主传声器。在一个现场声学空间里，从乐器背面辐射出的声音会被反射回这个空间，并很有可能最终传入主传声器。在声音发干的录音棚环境中，传声器可能无法拾取到乐器背面辐射出的声音。即使传声器确实接收到了间接的或反射的声音，相比在较大现场声学空间中，这些早期反射声也可能会在更短的时间内到达传声器。因此，即使在一个干燥、密闭的录音棚录音中加入高质量的采样（或基于脉冲响应的）混响，所录的声音也不太可能与在更大空间中录制的声音相同。

7.1.5 动态范围和电平变化

动态范围表示录音中从最安静的声音到最响亮的声音的声级范围。经过几十年聆听录音作品的经验积累，听音人对录音的动态范围已经产生了一定的期待。一般来说，古典音乐的动态范围是最大的，摇滚乐、流行音乐和重金属音乐的动态范围是最小的。一首古典音乐作品可能存在非常大的声级波动，比如动态声级升至最强（fff）和降至最弱（ppp）。同样，也可以研究一下信号中"微小的"动态，这通常需要我们借助电平表，如峰值节目表（PPM）或数字表。通常人们能在流行音乐和摇滚音乐中感受到一种相对恒定的电平（响度），但也可能会听到（在仪表上也能看到）每一节拍上的小波动。对于有些录音，仪表的波动在录音过程中有时超过了 40dB，而对于其他一些录音，其波动只有 2dB ～ 3dB。较大的波动代表更大的动态范围，通常说明这个录音中采用的压缩较少。由于人的听觉系统主要是对平均声级而非峰值声级产生响度判断，所以幅度波动较小的录音（较小的动态范围）要比幅度波动大的录音（较大的动态范围）更响一些，即便两者具有同样的峰值幅度。

在这一部分的分析当中，主要是听单件乐器及立体声缩混总体的电平变化。电平改变可能是手动增益变化的结果，也可能是增益自动化的结果，后者可能是来自压缩器或扩展器产生的与信号相关的增益下降。动态电平变化有助于强调音乐本身所要表达的意图，并优化听众的听音体验。较大动态范围的不足之处在于，可能会出现录音中较安静的段落有一部分听不到的情况，因此损伤了艺术家想要达到的音乐冲击感。工程师还需要监听压缩产生的一些失真效果，如泵机效应（pumping）及喘息（breathing）效应。一些工程师选择用压缩器和限制器专门创建一些效果，并以某种明显的方式去改变声音。例如，旁链压缩有时被用来创建一种明显的泵机效应/脉冲效应，而且这种方法在 techo、house、电子音乐（electronica）和流行音乐（pop music）中是一种很常见的技术。在这种动态处理效果中，底鼓等单件乐器会被用于信号控制，以压缩整个缩混作品。因此底鼓的振幅包络会触发压缩器，而压缩器就会影响缩混中其他成分的振幅包络，导致每次底鼓被敲击时电平就会下降。

同时，正如第4章中所讨论的那样，压缩可能是最难听出来的处理类型之一，原因是压缩通常就是去抵消电平上出现的那些突然变化，然后在不需要降低电平时返回到单位增益。乐器和人声的振幅包络听起来自然吗？你是否可以察觉到其中的一些变化？

7.1.6 噪声、失真和编辑点

有许多不同种类的噪声会以一种或另一种方式对音频信号产生干扰或导致其质量下降，并且噪声的来源也不尽相同，比如50Hz或60Hz的接地哼鸣声与嗡嗡声、传声器的低频喷口气流声、通过传声器架传来的振动声、汽车鸣笛或飞机等产生的外部噪声、数字同步不准确产生的咔嗒声和砰砰声、因录音媒介缺陷导致的声音缺失（极短时间的静音）。工程师通常要避免任何意外噪声的出现，当然那些为艺术效果而有意添加的噪声除外。

除了有意添加的声音失真之外，工程师要极力避免信号链路的任意环节出现削波失真。因此确认何时出现了失真并相应减小信号的电平是很重要的。有时失真会不可避免地或者因疏忽而出现在录音的最后环节，从而产生令人棘手的问题。

听一听那些似乎不符合音乐艺术表达的缩混作品，其中有没有突然中断的声音？如果有，你可能会听到插入补录点/编辑点所造成的声音。

7.1.7 缩混中各成分的平衡

对声音进行分析的最后一个问题是考虑整个缩混或录音中各成分的平衡关

系。乐器、人声和其他声音的相对平衡可能会对音乐的含义、冲击感和核心都产生十分明显的影响。在缩混中一种成分的幅度也可能影响人们对缩混作品中另一成分的感知。有时，即使对单件乐器进行 1dB 或 2dB 的电平调整，也会明显影响人们对音乐表达的意图和音乐含义的整体理解。

在听缩混平衡时，要考虑以下问题。

- 平衡过的乐器声、人声和其他声音的振幅 / 电平是否适合音乐、电影、游戏类型或风格？
- 缩混中是否存在某一声音元素过响或另一声音元素过弱的情况？
- 为了使录音作品具有一定深层含义，你是否可以听到需要听到的内容？

由于声源的自然动态范围、传声器和声源之间距离的变化（比如表演者会在舞台上走动，因此他们的录音声级可能会按比例出现变化）、工程师在缩混过程中所做的音量调整，缩混平衡随时会出现变化。

我们可以将感知到的声像作为一个整体来分析。同样地，也可以分析声像中不太明显的属性，并将这些特征视为次编组。这些次要属性可概括如下。

- 每一成分、乐音或乐器的特定属性，比如时间属性或振幅包络成分的空间位置（例如建立过程、衰减过程、维持过程和释放过程）
  - 换句话说，某种特定的乐器音符的音头是快还是慢？音符是持续的声音，还是很快会衰减的声音？
  - 音符的音头和延音部分的声像位置是在同一个地方吗？或者声音的音头和延音部分分散在立体声声像中。
- 声像中各成分的清晰度和精确度。
- 各成分的宽度和空间跨度。

对没有经过专业训练的听音人来说，通常录音的特定属性可能并不明显或者不会马上被感知到。而经过训练的听音人却可以识别和分辨出在那些未经训练的人看来并不突出的录音特定属性。以感知编码器算法研发的领域为例来说明这一问题，研发过程需要利用经过训练的专业听音人来识别处理过程中产生的声音缺陷。除非听音人知道应该重点听什么样的内容，否则感知编码过程中产生的特殊衍生物和失真不一定会马上显现出来。一旦听音人可以识别音频衍生物之后，想听不出这些额外噪声都难。

与去现场听音乐会不同的是，欣赏音乐录音（只有音频内容，而不包含视频信息）要求听音人全身心并且以自身的听感去体验。在现场音乐演出中，常常会有视觉信息相伴，然而在听录音时却没有与声音同步的视觉信息来为听音人补充听觉范畴中表现并不明显的声音细节。因此，录音工程师有时会通过电平控制、动态范围处理、均衡和混响来放大录音中的某些声音属性，从而帮助听音人获得更多的参与感。

7.2　范例分析

本节将通过录音实例来进行案例分析，强调音色、动态、空间感和缩混选择，使其更明显地呈现给听音人。所有这些声轨均适合 EQ 软件练习模块、音箱和耳机听辨，以及进行图示化分析（参见 7.3 节）。

7.2.1　Cowboy Junkies：*Sweet Jane*（1988）

选自专辑 "*The Trinity Session*"，由 RCA 发行，由彼得·摩尔（Peter Moore）担任歌曲制作人，由彼得·摩尔和皮锐·贝克（Perren Baker）负责录音。

这是一首非常有趣的音乐录音作品。这首歌的开头部分有人在轻声喊预备拍，其背景中还有一些低电平噪声。歌曲中加入了明显的回声和混响，特别是用鼓槌敲击军鼓鼓边发出的声音，而底鼓和吉他的混响相对少些，但人声听起来轻柔而缥缈。但这首歌在嘶声频率范围（5kHz ~ 8kHz）内的能量有点太大了，尤其是女歌手在演唱 "sweet" 这个词的时候，"s" 音有时听起来像吹口哨的声音。

"*The Trinity Session*" 专辑是在多伦多市中心的一个教堂中录制的，当时采用了单支 Calrec SoundÞeld 传声器录制了一整天。2015 年 8 月 *Sound on Sound* 杂志上的一篇关于这张音乐专辑的文章称，当时所有的乐手都围着传声器站成一圈。而主唱玛戈·蒂明斯（Margo Timmins）却被安排在圈外，但她的声音是通过 Klipsch Heresy 监听音箱发出来的，而且监听音箱与其他乐手都在圈内。

当时很少有这样的录音作品。这是一个很了不起的创举，他们通过单个传声器在高混响空间实现了缩混平衡、音色平衡及与混响之间的关系平衡。这首歌听起来既有一种亲密感又有一种距离通透感，原因是女歌手的歌唱声在听感上比较近，且与带有极大空间感的鼓声形成了很好的对比。

7.2.2　Sheryl Crow：*Strong Enough*（1993）

选自专辑 "*Tuesday Night Music Club*"，由 A&M Records 发行，由比尔·博特莱尔（Bill Bottrell）担任制作人，由布莱尔·兰姆（Blair Lamb）担任录音师，由伯尼·格伦德曼（Bernie Grundman）负责母带处理。

"Strong Enough" 是 Sheryl Crow 的专辑 "*Tuesday Night Music Club*" 中的第 3 首，因将众多声音元素分层编排并且和缩混有机地结合在一起，从而形成了音乐性极佳且音色优美的一首有趣的作品。在这首歌中，乐器的各个声部相互补充且平衡得当。如果你还不熟悉这首歌，可能要听很多遍才能识别出其中出现的所有声音元素。此外，对于流行歌手来说，这首歌的乐器编配和音质不太寻常，但制作人在确保主唱声位于声像前部和中心的同时，还把缩混做得很有凝聚力且融合感也很好。

歌曲以合成器 pad 打底开始，紧接着的是声像分置左右的两把木吉他的声音。木吉他的声音听上去不太尖锐，是一种富有"弹性"的声音。在录音中，人们对这些木吉他的高频进行了一定程度的滚降衰减（也许是因为琴弦用的是旧弦），且木吉他发出的一些其他声音信号也被一起拾取了。

克罗的主唱声音进来得干而有力度。歌唱声加的混响非常少，音色相当明亮。清脆干净的 12 弦琴与另两把有些暗淡的木吉他声形成了鲜明的对照。无品电贝斯声婉转进入，很好地补充了低频的成分。声像分置左右的手鼓补充了立体声声像的空间成分。

缩混中副歌的部分是由干的点镲和相当高且笛声般柔软而清澈的 Hammond B3 声音构成的。在副歌之后，踏板电吉他的声音进来，然后逐渐地衰减，直至下一段主歌开始。这首歌曲过渡的"桥"的部分明亮而清新，曼陀铃扫弦声分别被放置在声像左右。在这个过渡段落，低沉的鼓声停止了，曼陀铃的声音明亮而轻盈。这样的缩混方式使得这个段落的音色与之前的段落形成了非常完美的对比，以更加强调乐曲中的音乐部分。比较干的伴唱人声被放置在了声像左右的位置、比曼陀铃声音的电平要低一些，与主唱声音形成了很好的呼应。

从主观录音分析的角度来看，歌曲的配器和非常规的声音对比层次使得该录音非常新奇。由歌曲编排形成的各种乐器之间的起承转合关系，很好地突出了音乐的每一部分。尽管乐器声呈现的方式根据编配会时有时无，并且出现了大量分层，但这首歌曲听上去清新干净且和谐统一。

注意这首歌整体立体声声像的使用。如同大多数流行音乐作品，虽然这首歌曲的大部分能量集中在音乐的中间位置，但仍有大量元素被放置到录音作品的其他声像位置，这也是这首歌的混音让人感到耳目一新的原因。

7.2.3　Peter Gabriel：*In Your Eyes*（2012）

该歌曲 1986 年首次发行，选自专辑 "*So—25th Anniversary Edition*"。由丹尼尔·拉诺伊斯（Daniel Lanois）和彼得·盖布瑞尔（Peter Gabriel）担任制作人，由凯文·基伦（Kevin Killen）和丹尼尔·拉诺伊斯（Daniel Lanois）负责录音，由伊恩·库珀（Ian Cooper）负责母带处理。

对这首歌的研究主要集中在它通过成功的声音分层所建立起的整个缩混的音色、动态和空间感表现上。音乐首先从加了合唱效果的钢琴声、打底的合成器和小型辅助打击乐器的声音开始，之后紧跟着贝斯声和鼓声，然后是盖布瑞尔的人声主唱。这首歌人声进来前的第一个音符能够使人听到很明显的空间感，但听不到明显的混响衰减，这主要是因为持续的钢琴声和合成器的长音掩盖了混响包络的衰减部分。在副歌出现之前和之后，我们更容易听到混响的衰减，尤其是军鼓声。乐器声和人声的组合，以及与之相关的混响和延时效果，共同为录音创造了一种宽敞感、开放感和包围感。

尽管打击乐器组分了很多节奏声部的层次，诸如话鼓声和三角铁声等，但是缩混给人整体愉悦、饱满而不凌乱的感觉。各种打击乐器声部和架子鼓的声音占据了立体声声像的很大一部分区域，为中间的主唱声留出了一定的空间。仔细聆听三角铁的音色，它在前奏和主歌的部分一直敲的是后半拍的节奏。三角铁的音色几乎是一致的，但值得指出的是，在个别节拍中，其音色出现了非常细微的变化。这些音色的变化可能是录音剪辑造成的，也可能是在录音过程中进行了补录（punch-ins）造成的。

主唱的音色温暖而略带沙哑，并伴有少许的高频嘶嘶声。它在整首歌曲中被各种鼓乐器、贝斯、打击乐器和合成器完美烘托了出来。来自塞内加尔的歌手尤索·恩多（Youssou N'Dour）在歌曲的尾声部分表演了一段独唱，他的声音与其他的歌唱声分置在不同的层次上，其声像被置于两侧。我们需要仔细聆听主唱声和合成器的声音，特别是在副歌出现之前。贝斯的低音旋律有力而清晰，听起来好像经过了相当大的压缩处理，它对整首曲子的节奏声部起到了很大的支撑作用。

贝斯手托尼·莱文（Tony Levin）和拉里·克莱因（Larry Klein）无论是对这首歌旋律的演绎还是节奏重音的强调都起到了锦上添花的作用。副歌之前和副歌部分的电吉他声是明亮且比较薄的，但它很好地补充了贝斯和架子鼓的低音部分。

在这首作品中也存在一些失真效果，这些失真效果表现在重拍上出现的略带突出的鼓声上，而这些鼓声听起来就像低音通通鼓的声音一样。钢琴和合成器演奏的第一个音符是弱拍进的（第四拍），然后通通鼓在重拍第一拍进。

有几处也出现了其他略带失真的声音，并且能听到压缩的效果。它并不是最干净的录音，但是所用的失真效果和压缩产生的效果为录音作品增添了很多生命力和兴奋感。

整个录音作品呈现出了令人着迷的声音层次感，这得益于有声学打击乐器和电子合成器的分层次处理方式，所有这些都从音乐叙事的角度诠释了一个大的开放空间的感觉。从这首歌的歌曲信息列表中可以发现，首先列出的是鼓和打击乐器，然后是贝斯，因为盖布瑞尔认为这些是这首音乐作品中最为重要的元素。

7.2.4　Imagine Dragons：*Demons*（2012）

选自专辑 “*Night Visions*”，由 Interscope Records 发行，由亚历克斯·基德（Alex Kid）担任制作人，由乔什·莫瑟（Josh Mosser）担任录音师，由曼尼·马热昆（Manny Marroquin）负责缩混，由乔·拉波尔塔（Joe LaPorta）负责母带处理。

对于这首歌可以进行一些关于失真的研究。歌曲开始时只有主唱一人的歌声，键盘的伴奏声部缓慢进入。这时的主唱歌声至少使用了两种回声效果或延时效果，一种是较短的回声（slap-back echo），另一种是与歌曲节奏同步的较长的延时声。伴随着主唱歌声，逐渐地键盘声音掺杂了一些噪声或失真，有点像被比特破碎机（bit-crusher）插件处理过一样（即出现了明显的比特深度降低的效果）。在副歌开始前的几个节拍上，加入了鼓声，但由于这些鼓声是经过低通滤波器处理过的声音，所以听起来有一种黑暗低沉而遥远的效果。在架子鼓上使用的低通滤波器从副歌中的第一拍就被立刻去除了，这样的处理效果使得架子鼓的声音一下子就被呈现在了声像的前景中，与副歌的开始进行了完美的同步。在副歌中，底鼓声和军鼓声都使用了大量的失真效果。这些鼓声听起来很模糊，而且出现了过度的失真效果。在副歌中，背景和声也被进行了压缩处理，并产生了过度失真效果，背景和声听起来有点像加了一些经过轻微调制的高频噪声效果。这种噪声有可能是比特破碎机插件造成的，但不清楚工程师是否使用了这个插件。由于这首歌的副歌部分使用了大量的失真和压缩／限制效果，声像显得过于饱满，似乎没有任何多余的空间来容纳更多的乐器声或人声。当下一段主歌开始时，除了主唱的歌声和键盘乐器的伴奏声，其他一切声音都消失了，这时压缩和失真所产生的张力就被释放了。

在立体声声像方面，除了被放置到两侧的背景和声、混响声和延时声之外，大部分声音的能量似乎都集中在了中间部分。也可以使用 M-S（中间 - 两侧）处理方法来聆听与分析缩混中 S 的分量（或差异分量）。在 S 分量中，失真产生的高频能量会更明显，延时声也更容易被听到。这首歌在各大排行榜中都名列前茅，其制作方法和录音的特点值得分析。

7.2.5　Lyle Lovett：*Church*（1992）

选自专辑 "*Joshua Judges Ruth*"，由 Curb Music Company/MCA Records 发行，由乔治·梅森伯格（George Massenburg）、比利·威廉姆斯（Billy Williams）和莱尔·劳伏特（Lyle Lovett）担任制作人，由乔治·梅森伯格（George Massenburg）和内森·昆克尔（Nathan Kunkel）负责录音，由道格·萨克斯（Doug Sax）负责母带处理。

莱尔·劳伏特的 *Church* 这首歌，混音体现了良好的对比透视感。这首歌以钢琴声开始，为福音唱诗班的吟唱奏响了第一个音符。劳伏特的主唱旋律紧随其后进入，同时福音唱诗班的拍手声在第二拍和第四拍上出现。为人声伴奏的钢琴声、贝斯声和鼓乐器声开始零星地出现，并渐渐变强，成为更为主要的声部。该录音中让人耳目一新的是每一种声音元素的清晰度。乐器声和人声的音色表现出均匀且平衡的频谱关系，缩混中的层次处理听上去也很自然。

劳伏特的人声突出在声场的前部，混响量非常小，并且在缩混中的电平从头至尾都表现得十分一致。鼓声具有非常饱满果断的音头，并配合有恰巧合适的共鸣。每一下鼓声在整个缩混中都能被很好地凸显出来，通通鼓声铺满了整个立体声声像。镲声清脆通透，在高频区域为整个录音起到了画龙点睛的作用。就透视关系而言，鼓声在缩混中听起来非常近，也非常突出。

伴唱的福音唱诗班的声音也很好地衬托出了主唱的声音。有趣的是，福音唱诗班的声音听上去像是来自乡村的小教堂的声音，其混响特征在拍手声中表现得尤为明显。唱诗班的吟唱和拍手声的声像铺满了整个立体声声像区。当唱诗班成员单独演唱时，其各自的声音被突出在声场的前部，比唱诗班伴唱时的声音明显干了一些。

　　主唱和节奏声部在缩混中的位置整体比较靠前，听起来也比较干，与唱诗班的声音形成对比。可以听出的是，唱诗班处于一个较大的混响空间中，或者至少可以听出一定的距离感。

　　每件乐器的电平和动态范围调整得恰到好处，估计是采用了压缩和手动控制推子相结合的调整方式。缩混中的每一个声音元素都清晰可闻，没有被淹没。

　　在该录音中完全没有噪声和失真存在，显然制作人员在去除和避免外来噪声方面下了非常大的功夫。另外录音中也没有听到削波的问题，每段声音都非常干净。

　　这段录音在音质方面已经成为经典，经常作为音乐素材来测评音箱。这是体现乔治·梅森伯格处理录音作品风格的典型例子，他把声音音质和音质清晰度放在第一位，同时尽量减少失真，这样录音能直接、透明地表达艺术家的音乐意图。

7.2.6　The Lumineers：*Ho Hey*（2012）

　　由 Dualtone Music Group 发行，由瑞安·哈德洛克（Ryan Hadlock）担任制作人并且录音，由凯文·奥古纳斯（Kevin Augunas）负责缩混，由鲍勃·路德维柯（Bob Ludwig）负责母带处理。

　　这张唱片以人声、声学乐器声和拍手声为特色。这首作品的混音特点集中体现在其对混响和室内声学环境的应用。这首歌是以背景和声开始的，并将声像放置在极左和极右的位置，歌手大声喊着"Ho...Hey..."且带有一定量的混响。但是如果更仔细听，就会发现混响的尾音实际上是单声道的。如果从前奏"Ho"和"Hey"的第一次呼喊声中来辨别立体声声像，每个单词的发音直达声声像都比较宽，接下来它的混响，衰减的长度大概在一拍左右且位于立体声声像的中间位置。如果使用 M-S 处理器只听这首歌的"侧"分量（参见第 3 章，使用一个插件或使用 REAPER 数字音频工作站立体声总线上的单声道开关），混响会消失，原因是这个分量是单声道的，混响被抵消了。混响和室内声学环境也塑造了缩混中的透视关系，这样做可以很好地突出主唱、声学吉他和尤克里里等声音，这些声音相对较干且位于立体声声像的中间位置。诸如背景和声、铃鼓声、拍手声、踩镲声和底鼓声等声音被放置在比较宽的声像位置，而且鼓声、打击乐器声和拍手声听起来像是用远距离传声器在一个比较大的声学空间中录制的一样。从技术层面来看，仔细听音乐开始的前 2s 的声音，并注意低电平的接地嗡嗡声。

7.2.7 Sarah McLachlan：*Lost*（1991）

选自专辑 "*Solace*"，由 Nettwerk/Arista Records 和 Bertelsmann Music Group 联合发行，由皮埃尔·马查德（Pierre Marchand）负责制作、录音和缩混。

这首歌开始时木吉他的声音虽然略带混响但却十分干净清晰，鼓刷摩擦小军鼓鼓面的声音稍微有些干。麦克拉克兰柔和且轻快的歌声伴随着较大空间感的混响同时进入乐曲中。尽管包围人声并塑造出空间感的混响声电平相当低，但其后续的衰减时间可达 2s 左右。混响与歌声的结合十分完美，并且也很符合这首歌本身的音乐气质。歌声的音色清晰，音色平衡略偏向高频区域，突出了歌声的轻盈。人声缩混比例与压缩的运用使得其电平与乐队伴奏声的比例一致性控制得很好，符合人们对流行音乐唱片混音风格的期待。

曼陀铃和 12 弦琴的声像设置在中间偏左和中间偏右的位置，并且是在第一段主歌之后紧跟着电贝斯声和带混响的踏板电吉他声一起进入的。背景和声被放置在略微偏左和偏右的区域，并且在缩混中比主唱声更靠后一些。打底的合成器、背景和声和延时的吉他声为缩混营造出梦幻般的色彩，之后它们淡出，同时曼陀铃和 12 弦琴的声音重新淡入进来。

贝斯弹奏的是其标准低音 E 之下的几个音，为缩混中的其他声部建立起十分饱满的声音效果，这样的声音包络在缩混中起到了很好的支撑作用。低音部分的音色平衡方面突出的是最低次谐波，创造出一种圆润的低音效果，对于那些能够提供更高清晰度的中高频谐波，则没有过多强调，但最后产生的声音效果非常适合这首歌曲。缩混中的其他声音元素提供了中高频成分的细节，这样贝斯声部提供的低音就可以很容易地被突显出来，听上去低频部分的声音十分扎实、直接。

这首歌的音色清晰而不尖锐刺耳，整体音色柔和，其低频（主要来自贝斯声）为缩混提供了坚实的基础，平衡了人声、曼陀铃、声学吉他、镲和鼓刷等声音带来的高频成分细节。有趣的是，这张专辑中其他歌曲的一些声音元素听起来稍微有些刺耳。

主唱人声是缩混中最突出的声音，男声的背景和声声部电平略低于主唱。吉他、曼陀铃和贝斯的声音是缩混中仅次于主唱的声音元素。鼓声在第一段主歌之后的混音比例就不再那么突出了，原因是有其他声音元素的加入。最后一段副歌，鼓手通过重重地击打通通鼓和小军鼓又再次提高了鼓组的能量。虽然缩混中鼓声所占的成分比例相当低，它听起来就像小军鼓下面的响弦松了一样，但鼓声作为节奏声部依然可以被听到。

贝斯丰满、平滑的声音使得该录音十分适合检验音箱和耳机的低频响应。通过关注人声的音色，可以利用这首录音作品来识别声音重放系统中的中频共振或反共振的情况。

7.2.8 Jon Randall：*In the Country*

选自专辑 "*Walking Among the Living*"，由 Epic/Sony BMG Music Entertainment 联合发行，由乔治·梅森伯格（George Massenburg）和乔恩·兰德尔（Jon Randall）担任制作人，由乔治·梅森伯格和大卫·罗宾逊（David Robinson）担任录音师，由乔治·梅森伯格负责母带处理。

这首歌声音的饱满度和清晰度在第一个音符处就表现出来了。木吉他和曼陀铃奏出歌曲的引子，紧接着进来的是兰德尔的主唱声音。节奏声部从第二段主歌才进来，镲的高频和底鼓的低频拓宽了这首歌的带宽。为使音乐特征更加明确简洁，诸如冬不拉、小提琴、Wurlitzer 钢琴、曼陀铃等各种音色的乐器声被适时地提到了声像前部，有时也会淡出到背景当中。可以明显地听出制作人从塑造音乐性的角度在缩混的持续演化上下了很大的功夫。

该作品的音色听上去清新自然，并且频谱整体平衡性很好。人声一直保持在乐器声部之上，通过细微的混响处理在人声周围建立起了一种空间包围感。注意每个单词电平的一致性。听音人可以毫不费力地听清楚每个单词。鼓声听起来也相当完美，但不像之前讨论过的莱尔·劳伏特的录音（也是由梅森伯格录制的），这首歌的鼓声并不是主要元素，只是蜻蜓点水般地加以表现。镲声明确且清晰，它为这首歌提供了富有节奏感的脉动和重音，当然在缩混中镲声不会盖过其他声音元素。平滑饱满的贝斯声具有足够的清晰度。小提琴、曼陀铃和吉他声有机地融为一体，清脆而不失温暖。曼陀铃和吉他扫弦的高次谐波与镲的高频谐波相融合。进一步而言，声轨的音色统一，听不出任何噪声和失真。

立体声声像处理将曼陀铃、吉他和架子鼓声等声音成分展开得比较宽。该录音的平衡处理无懈可击，空间感的处理（混响和声像处理）、动态处理和均衡也与作品所要传达的音乐想法十分吻合。

7.2.9 Tord Gustavsen Quartee：*Suite*（2012）

选自专辑 "*The Well*"，由 ECM Records 发行，由曼弗雷德·艾彻（Manfred

Eicher）担任制作人，由詹·埃里克·孔绍格（Jan Erik Kongshaug）担任录音师。

ECM Records 发行的爵士乐录音往往带有一种独特的声音。一部分原因是他们对演奏者及歌曲类型的选择有一定的偏好，但在很大程度上也是因为他们对声音录制方式的选择偏好。ECM 的录音作品风格通常会呈现出很高的清晰度、较少的动态处理痕迹、极高的音质和大量的混响。ECM 的制作风格在过去的几十年里产生了少许变化，录音中额外添加的人工混响效果不再像他们早期的唱片那样突出。这首录音作品很好地展现了当前 ECM 的录音风格和制作美学特点。这首曲子以古斯塔文森的钢琴独奏声作为乐曲的开头。前奏部分比较缓慢，节奏也相对自由。混响营造出整体的空间感也为这种宁静沉思的感觉起到了很好的支撑作用。钢琴声延伸到了整个立体声声像的宽度，但声源似乎固定在声像的中间位置。换言之，立体声声像从左到右具有良好的连贯性。仔细听的话，可以感受到钢琴弱音踏板从琴弦上被抬起来的声音。低音提琴声（拉弓演奏）在 1min 20s 左右进入声像的最右边。在 2min 40s 左右，钢琴旋律逐渐过渡为节奏织体，萨克斯和鼓声也应声加入。低音提琴手在这个时候也改成了拨奏演奏法。

吊镲声听起来比较干，似乎是声像中距离我们最近的声音元素了。萨克斯在进入之后就成了乐曲中的主奏乐器，声音比吊镲声音稍微靠后一点。萨克斯的声音相当明亮且清晰，其电平在缩混中的比例也相当高，可以清楚地听到它的旋律，但其声音却没有盖过其他乐器的声音。

钢琴、萨克斯和小军鼓的声音都带有相当多的混响声。混响尾音拖得相当长，并营造出了一种整个乐队在很大空间中进行演奏的感觉。与此同时，钢琴声和萨克斯管声，尤其是吊镲的声音，又使我们感觉自己距离乐器很近。低音提琴在后续演奏中所起的作用不如一开始用拉弓演奏法演奏旋律时那么突出，但即便在缩混中的电平比较低，仍然可以听到它的声音。底鼓的声音听起来音色饱满圆润，但它在缩混中占比较低，避免了突兀的感觉。有一些迹象表明，整体的压缩或限制似乎是由低音提琴和底鼓触发的，这主要影响了来自镲的高频成分，但这种影响很小。总的来说，从频谱平衡的角度出发，整体是均匀的。底鼓声和低音提琴声的低频成分彼此混合得很好，但仍各具特色，为钢琴声和萨克斯声提供了坚实的基础。高频成分十分清晰，且不刺耳。

有些乐迷不喜欢在爵士乐录音中过多地使用混响，但 ECM 的录音值得去品鉴，他们制作的大量爵士乐唱片，都是由曼弗雷德·艾彻（Manfred Eicher）担任制作人，詹·埃里克·孔绍格（Jan Erik Kongshaug）担任录音工程师。

7.2.10　Yo-Yo Ma、Stuart Duncan、Edgar Meyer、Chris Thile：*Attaboy*

选自山羊雅集弦乐四重奏 "*The Goat Rodeo Sessions*"，由索尼唱片发行，由史蒂芬·爱博斯坦（Steven Epstein）担任制作人，由理查德·金（Richard King）担任录音师。

这首歌干净清晰的音质与上面讨论过的梦龙乐队的歌曲形成了鲜明的对比。由泰尔演奏的曼陀铃声展开了这首蓝草/古典音乐跨界曲风的第一个乐段。曼陀铃的声音富含细节，而温和的混响声在乐器周围营造出一种空间感。邓肯（Duncan）的小提琴、马友友（Yo-Yo Ma）的大提琴、迈耶（Meyer）的低音提琴的声音随后进入，演奏着持续的音符，通过律动性的和声很好地衬托着曼陀铃的旋律。所有这些弦乐器的音色温暖而清脆。听起来这些乐器声是在一个现场感非常理想的场地录制的，并且后期还添加了混响。虽然听起来像后期添加的数字混响，但并不突兀，因为在整个乐曲中交替演奏着旋律与和声伴奏的织体，因此这样的混响效果对乐器发出的直达声起到了很好的支撑作用。这段录音非常干净、有细节、温暖，且空间感很好，动态良好且清晰，并把每个乐器声都置于立体声声像中的理想位置。可以听到每一种乐器声的细节，但这些乐器与声学空间也完美地融合在了一起。这段录音中的音乐之所以能够鲜活立体起来，部分原因在于史蒂芬·爱泼斯坦（Steven Epstein）和理查德·金（Richard King）所选择的声音处理方式。

史蒂芬·爱博斯坦和理查德·金组成了一个包含制作人和录音师的黄金团队，他们的作品在古典和跨界音乐中非常著名，"*The Goat Rodeo Sessions*" 这张专辑也不例外。他们在 "*Goat Rodeo*" 专辑录音过程中拍摄了一些花絮视频，如果读者对传声器的摆位及一些录音技术好奇，可以在视频网站上找一些相应的视频来观看。

7.2.11　练习：将专辑的原始版本与重新进行母带处理的版本进行比较

在专辑的原始版本发行若干年后，有大量的录音会被重新进行母带处理并再次上市发行。重新进行母带处理的专辑通常需要追溯原始的立体声缩混版本，并应用新的均衡、动态处理、电平调整、M-S 处理，包括添加混响等手段重新进行母带处理。"将专辑的原始版本与重新进行母带处理的版本进行比较"的练习有助于我们辨别母带工程师在音色、动态和空间特性上对专辑所进行的调整与改变。

在听谈话类录音的时候，注意一下录音的质量。大多数电视台或广播电台提供了相对高质量的录音和谈话广播类节目。非音频专业人士录制的播客或视频网站视频等谈话类录音之间的质量差别很大，因此从分析和听评角度来看，这类录音提供了一些很好的范例。听一听人声的音色或均衡，动态范围压缩，以及室内环境声音。人声中是否有很多低频能量？就像在调频广播主持人播报声中听到的那样；或者人声是否听起来音色很均匀？就像在公共广播新闻播音员播报中听到的那样；话筒离主持人有多近？有些播客声音听起来房间感非常强，就像他们采用了笔记本电脑内置的麦克风进行录制，两三个人围坐在一个房间的桌子旁进行录音，而这个房间的界面反射性还很强。有些录音经过了明显的动态范围压缩或限制处理。人声中有失真或削波吗？压缩器的泵机效应和喘息效应是否会产生干扰？如果有背景音乐和主持人的声音混合在一起，两者之间的相对平衡是什么样的？能在音乐中清楚地听到人声吗？大多数为电视台和广播电台提供录音技术支持的专业混音工程师会在任何背景音乐与人声缩混时使用"避让"处理压缩方法，以确保音乐的比例总是在人声之下，而且人声清晰可辨。谈话类录音为听音人听评和分析提供了绝佳的听觉锻炼机会，而且网上有大量声源可用于分析。

7.3 声音的图示分析

在对汽车音响系统产生的声像感知问题进行研究的过程中，研究者采用了图形化技术来描绘人们对声像位置和大小的感知结果［福特（Ford）等人，2002，2003；梅森（Mason）等人，2004］。约翰·厄舍（John Usher，2004）和沃斯劳·沃斯泽克（Wieslaw Woszczyk，2003）一直致力于以可视化的形式来描述多声道重放环境下声像的位置、深度和宽度，以便更好地理解听音人对汽车音响重放环境中声源位置的感知。在试验中，听音人被要求在计算机图形界面上用椭圆形状绘出声源。

通过把听到的声音转换成视觉上的二维图像，可以达到不同于单纯使用语言描述的分析水平。尽管没有一套图示化听觉感知的标准，但这种练习方法有助于我们对声音分析和研究。立体声声像的图示化分析方法可以用来记录听音感受、微调矫正听评能力、并画出更具体的立体声声像，以便进行下一步的讨论和分析。

图示化分析的练习

利用图 7.1 所示的模板，绘制通过声音播放系统听到的内容。听音人相对于一对音箱的距离及音箱的摆放位置，将直接影响幻象声像的位置。例如，坐在理想听音位置稍微偏左的地方，会使声音的立体声声像听起来偏向左侧音箱。本书 1.4 节描述的是可以准确定位幻象声像位置的立体声重放系统理想听音位置。

虽然在模板中绘出的声像不是对实际乐器形状的类比，但是它是对你在音箱或耳机里感知到的声像的一种描绘。例如，不要画一个人来代表听到的歌声；再例如，钢琴独奏录音的立体声声像与协奏曲中的钢琴声像有很大的不同，并且与对应的视觉影像看上去也应该有明显的不同。

建议在立体声声像图上进行标注，以表示出视觉形式与感知到的听觉声像之间的对应关系，而且还需要标注上你所分析的录音作品名称。如果没有标注，这种绘图可能会显得过于抽象，不便于以后人们很好地理解它。

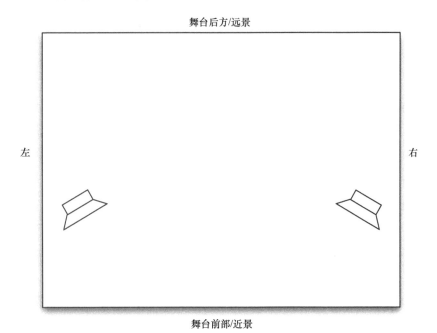

图7.1　建议读者采用这里所示的模板来进行声源的图示化分析，
对感知到的录音作品中的声像位置进行可视化描述

在图 7.2 中，你所绘制的图不需要看起来与示例中的一样，可以自己发挥。绘图的主要目的是为每个声源确定左 / 右位置和前 / 后位置关系，绘制这些声像可以使我们更密切地关注立体声声像中的声源位置。

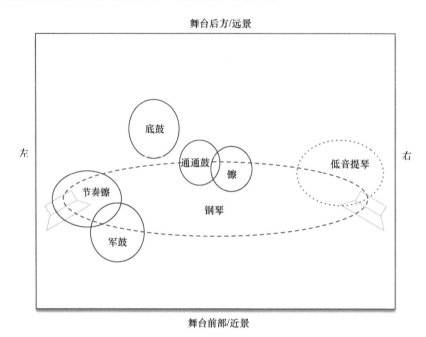

图7.2 爵士钢琴三重奏录音立体声声像的图示化分析

这里分析的录音来自托德·古斯塔文森四重奏（*Tord Gustavsen Quartet*，2012），选自专辑 "*The Well*" 中的歌曲 "*Playing*"，由 ECM Records 发行，由曼弗雷德·艾彻（Manfred Eicher）担任制作人，由詹·埃里克·孔绍格（Jan Erik Kongshaug）担任录音师。

毫无疑问，在做这个练习时会遇到以下挑战。

（1）如何将我们对立体声声像的听觉印象转化为视觉图像？这里没有正确或错误的标准答案来对声音进行可视化描述。每个为录音作品进行立体声声像图示描绘的人都有自己的解释。同一录音的声像绘图之间可能存在一些共同之处，尤其是与从左到右有关声源位置相关的特征。用来表示每种声音特征的实际形状和纹理结构则会因人而异。

（2）随着时间的流逝，声音和混音风格不是一成不变的。它取决于录音作品本身具有的特征，试着指出声像上的移动方式或大体上的声像感受吧。

（3）你将如何描绘所听到的各种音色呢？比如"圆润"的低频声音或"闪闪发光"的高频声音？发挥想象力，享受一下这种练习所带来的乐趣吧。

图示分析可以让我们将关注重点放在声像中声源的位置、宽度和扩散度上面。声源的可视化描述不应只包括来自声源的直达声，而且还应包括录音中表现出的反射声和混响等任何空间声音效果。试着绘制你在立体声声像中听到的所有声音元素吧。

7.4　多声道音频

本节将重点介绍 5.1 多声道音频的重放格式。多声道音频一般可以实现最真实的声场包围感的声音重放效果，尤其是音乐会上录制的纯声学效果的音乐录音作品；这种类型的录音可以让听音人获得置身于音乐厅当中、完全被声音所包围的听觉感受。相反，由于多声道音频格式可以让工程师将声源定位于听音人的周围，所以它也可以营造出最脱离现实的声音重放效果。其中典型的情况是音乐厅中听众的后面并没有音乐人在表演，除非有轮奏的管风琴、铜管乐器或唱诗班在表演，但是多声道音频重放却可以让混音师将直达声源放置在听音人的后方。当然，多声道音频相对于双声道立体声具有许多优点，但也可以将其视为挑战，并为迎接这些挑战提供审听的条件。

尽管按照 ITU-R BS. 775-1（ ITU-R，1994 ）关于 5.1 音箱摆放位置（见图 1.4 ）的建议，音箱分别被置于前方和后方，但是前方的音箱（向左 30° ）与最近的环绕音箱之间（向左 120° ）有相当大的空间。前后音箱之间的宽阔间隔很难产生侧向声像，至少无法产生任何稳定和定位准确的声像。

7.4.1　中间声道

5.1 多声道音频的重放环境的与众不同之处在于左右声道之间 0° 角上的中置音箱。中间声道的优点在于，它有助于固定和稳定位于中间的声像。只有当听音人坐在理想听音位置（距离两只音箱的距离相等）时，才会感知到来自中间位置的由传统立体声音箱定位产生的中间幻象声源（见图 1.2 ）。当听音人向理想听音位置的某一侧移动时，中间幻象声像也会向同一侧移动。这时听音人离两只音箱的距离不再相等，所以先到达耳朵的声音来自距离耳朵最近的音箱，按照第一波前定律（也称为"领先效应"或"哈斯效应"），声音被定位于那只音箱所在的方向上。

将环绕声缩混作品的中置音箱单独挑出来听，有助于我们了解缩混工程师发送到中间声道的内容。当审听中间声道，并探讨如何将其与左、右声道结合在一起时，要思考如下问题。

- 有无中间声道会给前方声像带来明显的变化吗？
- 主奏乐器或主唱是中间声道中的唯一声音元素吗？
- 是否有任何鼓乐器或架子鼓声音成分的声像被设置到了中间声道？
- 贝斯声出现在中间声道吗？
- 如果这是一段带有独奏的古典音乐录音，那独奏声音在中间声道上吗？

如果录音中存在突出的主唱声音，并且它只被分配至中间声道，那么有些混响、回声和早期反射可能会被分配至其他的声道上。在这样的缩混中，如果哑掉中间声道就可以更容易地听到不带任何直达声成分的混响声。

有时由左声道和右声道产生的幻象声源会被中间声像或声道加强。中置音箱重复产生中间声像，使得中间声像变得更加稳定和准确。通常送至左声道和右声道的信号被进行了延时处理或一定形式的改变，以使其与送至中间声道的信号并不完全一致。如果 3 个声道发出的是完全一样的同一音频信号，则听音人头部移动时就会听到梳状滤波的效果，因为耳朵接收到的声音信号来自 3 个不同的位置（Martin，2005）。

立体声作品的左声道和右声道间产生的幻象声像的空间感质量，明显不同于由完全相同的音频声源信号从中间声道重放出来的声像。尽管左音箱和右音箱之间的幻象声像存在固有的缺陷，比如幻象声像会随听音人位置的不同而发生变化，但仍有些人喜欢这样的声像。由左、右两只音箱所产生的幻象声像一般都要比中置音箱中同一音频信号产生的声像听上去更宽、更饱满，而后者则给人更窄和更实的感觉。

比较多声道录音中的不同声道，并由此形成关于多声道声像的各方面属性的内在标准是很重要的。通过进行这样的比较，并认真审听，可以形成对环绕声环境中来自各个音箱声音的具体印象。

7.4.2 环绕声道

在分析环绕声录音时，将关注重点放在 5.1 声道环绕声录音中从前至后的音质是否平滑地扩散过渡，以及是否存在侧向声像等问题是很有益的。由于双耳听音固有特性，在侧向没有设置实际音箱的情况下，人耳很难产生侧向的声像内容，而对来自前方声音的定位则要准确得多。

当聆听多声道录音时，试着确定混音中各个声音元素的空间位置，并在研究该作品如何把各个声音摆放在听音区域周围时，考虑如下问题。

- 缩混中各声音元素的声像是如何处理的？
- 各声音元素都具有准确的位置吗？还是由于每次声音好像都来自不同位置而变得很难确定这些声音的准确位置？
- 混响的属性如何？它们的声像被处理到何处了？
- 是否存在不同程度的混响和延时？

在环绕声重放系统中，后方声道间隔很宽。这种宽的音箱间距，以及外耳（耳廓）对后方声音的空间灵敏度较差等因素，使得建立连贯、均匀分布的后方声像面临着很大的挑战。比较重要的一个练习方式是要单独听每个环绕声声道的声音，此时需要哑掉其他声道。在听一个环绕声缩混作品时，由于人们的听觉系统对来自前方的声音较为敏感，致使人们对后方声道的感知不那么容易。

7.4.3 练习：同一录音的立体声缩混与环绕声缩混的比较

将同一音乐录音的立体声缩混版本和环绕声缩混版本进行比较会让我们有所启发。从环绕声缩混中，可以听到许多不能从立体声缩混中听到或丢失的细节。环绕声重放系统可让工程师将声源置于听音区周围的不同位置上。由于声源存在空间间隔，所以环绕声缩混中产生的掩蔽问题减少了。首先听听环绕声缩混，然后再听听对应的立体声缩混，并将二者进行对比，这有助于突出之前在立体声缩混中听不到的一些成分。

7.5 高采样率音频

关于数字音频中高采样率的优点的热议有很多。按照 CD 红皮书的标准，CD 数字音频格式的采样率是 44 100Hz，每个采样的比特深度为 16bit。随着录音技术的进步，录制和发售给听音人的音频制品可以采用更高的采样率。当需要利用软件插件和数字硬件进行声音处理时，每一采样可以使用 16bit 以上的比特深度，这将有助于改善音质。因此，工程师在录音时一般都至少会采用每一采样 24bit 的比特深度。作为练习，要将 24bit 的录音与经过抖动处理的降为 16bit 格式的同一录音进行比较，试试看是否可以听出空间特征、动态或音色上的差异。

采样率决定了可被录制的最高频率，以及录音带宽。采样定理表明可被录制的最高频率等于采样频率的一半。采样率越高，可录制的带宽就越宽。

高采样率（96kHz 或 192kHz）和 44.1kHz 采样率之间的差别很微妙。听众是否真的能听到 96kHz 和 44.1kHz 的采样率之间的差别，还有待商榷。一些研究报道表明非常著名的录音师和母带处理工程师能够在理想听音环境中听出采样率的区别，但迄今为止，双盲听音测试未能提供确凿证据以证明听音人可以听到 96kHz 和 44.1kHz 的采样率之间的差别。在随后的缩混和处理过程中，以高采样率进行录音可能存在一些优势，但目前似乎没有任何可靠的科学证据来证实这一点。

现在有许多网站出售以高采样率进行录制的作品。可以自己测试一下，看是否能够听出采样率分别为 44.1kHz、96kHz、192kHz 的录音作品之间的差别。

20 世纪 90 年代末，索尼和飞利浦电子推出了一种新的高采样率音频格式，被称为 DSD（或直接流数字）。DSD 规定，每个样本的采样率为 2.8224MHz（是 CD 标准 44.1kHz 采样率的 64 倍）。他们在一种名为"超级音频 CD"（SACD）的媒介上发布了 DSD 录音，并持续了几年时间。一些音频工程师表示，"超级音频 CD"录音与 CD 质量音频录音之间的差异要大于 96kHz 或 192kHz 采样率的录音与 CD 质量音频录音之间的差异。其中的差异之一就体现在空间清晰度的改善上。在立体声声像或环绕声声像中，乐器和声源的声像处理被定义得更为清晰，声源位置更加准确，混响衰减一般也更为平滑。同样，双盲听音测试也不能完全支持这一结论，还需要进行更多的研究工作。

如果要正确地播放 DSD 音频，可能需要使用下载页面和流媒体站点上指定的软件和硬件。尝试比较采用不同采样率的音频，利用高质量的音箱或耳机重放这些音频进行比较，可以更容易地听出其中的差异。质量较差的重放设备无法欣赏高采样率所带来的好处。

7.6　音频水印

在线音乐网站的 FM 广播或数字音频流中带有奇怪的嗖嗖声、砰砰声或颤音等人为添加的声音。如果在无损或高质量音频流上注意到了这些人为添加的声音（在这种数字音频流中，编解码器衍生物是不存在或有可能听不清的），那么这些衍生物可能是音频水印产生的，而非编解码器产生的。马特·蒙塔格（Matt Montag，2012）在他的博客中写道，环球音乐集团（Universal Music Group）及其附属唱片公司发行的音频（Interscope, the Island Def Jam, Universal Republic，Verve，GRP，Impulse，Decca，Deutsche Grammophon，Geffen）中带有可闻的音频水印。音频水印涉及将已知的（或已有的）音频信号添加到录音中，以便这些录音在互联网上传播时更容易被实施版权保护。不幸的是，由于在音频中添加的音频水印是可闻的，因此在某些情况下会明显降低音频质量。钢琴独奏录音受到的影响最大，其他传统声学乐器录音也会受到不同程度的影响。受影响最小的录音是动态范围有限的流行音乐和摇滚音乐。如果用流传输的方式在这类网站上听音乐，可以花些时间仔细听一听，看看是否能听到这些人为添加的衍生物。

　　测试某首歌曲时，可以通过 SoundƁower 或其他音频应用程序将音频流的录音录制到数字音频工作站中，然后把这首歌和从 CD 上拷贝出来的 WAV 文件（即不加音频水印的文件）对齐，通过翻转一个声音版本的极性将两者混在一起播放的方法来听两个版本之差的声音。无损编码音频（TIDAL 的 HiFi 1411 kbit/s FLAC）和高质量编码音频（Spotify 的 320kbit/s Ogg Vorbis）在听觉感知上应该是完全相同的，或非常接近原始的未被压缩的 CD 版本，但那些可能来自音频水印的人为噪声，在许多录音中还是非常明显的。此外，它比期望的 128kbit/s 以上的有损编码音频产生的失真听起来还要糟糕得多。流媒体（尤其是无损格式的）提供了数以百万计的录音供我们研究和欣赏。不幸的是，对于关注高质量音频的人来说，音频水印衍生物的存在意味着听音人不能依靠无损流媒体音频来获得最高质量的听音经验。

7.7　听音过程中的偏见

　　虽然可以通过足够的练习和努力来培养可靠的、一致性强的听评能力，但感知系统很容易出错，所以我们仍然有可能被听觉错觉所欺骗。其中一种听觉错觉叫谢泼德音调（Shepard tone），这是一个听起来在不断下降或上升的音调，但实际上音调似乎永远不会变低或变高。即使清楚谢泼德音调的产生原理，但每次听到这一音调时，这种听觉错觉仍然存在。即无论是否知道信号上发生了什么，听觉错觉似乎都会产生。如前所述，听音音量对声音的感知有明显的影响。比较两个录音时，需要明确的是它们在电平上是匹配的。电平上的微小差异可能是我们认为两种录音声音不同的唯一原因。

但还有另一方面的听音体验影响着听音效果，即偏见。由于存在于听音过程中的固有偏见，听音人可以说服自己听到了实际上没有听到的东西。可能会听到差异，但这些差异实际上根本不存在。你是否曾经调整过 EQ 上的参数？而且觉得自己听出了音色上的一些不同，但实际上 EQ 处于"旁通"状态，声音其实没有任何变化。Tom Nousaine(1997)写过一篇文章——《你能相信你的耳朵吗？》，在这篇文章中，他概括了与听音相关的 3 类偏见：

- 感官偏见
- 预期偏见
- 社会偏见

感官偏见会让人们的感知系统只关注发生在周围环境中最重要的事件，这样感知系统就不会超载，从而节省能量。关于感官偏见的一个例子是，当新风系统关闭时，我们会突然注意到它所产生的声音，即使这种背景噪声一直存在，并且在关闭新风系统之前一直是清晰可闻的。听觉系统通常会停止关注恒定的声音，直到这种声音以某种方式出现了变化。听觉系统与其他感知系统一样，对环境中的突然变化最为敏感。当从一个声音转换为另一个声音时，我们往往会注意到两个音频之间的差异。如果你曾在录制或缩混的过程中换过不同的音箱或耳机，你就会知道其中的差异是非常明显的。但是在转换监听设备后听的时间越长，你就会越习惯新监听设备播放的声音。

在预期偏见存在的情况下，对两种声音的判断可能基于对此类声音的了解，而不是基于这个应激过程中实际声音产生的差异。弗洛伊德·图尔（Floyd Toole）和肖恩·奥利弗（Sean Olive, 1994）为加强听音测试的科学性进行过很多重要的研究，他们发现在听音测试中，当听音者知道音箱的品牌和型号时，他们对音箱的评估与不知道音箱品牌和型号时所做的评估结果不太一致。在听音测试中，人们清楚自己在听什么，而在盲听测试中，人们并不清楚自己要听的内容。盲听测试比有视测试更客观，原因是消除了感官偏见。比如，比较高采样率的音频（如 96kHz）和标准采样率的相同音频（44.1kHz）时，如果知道哪些声音刺激包含哪些音频信号，那么我们很可能判断 96kHz 采样率的音频版本听起来更好，因为我们认为它应该听起来更好，毕竟这是高采样率音频，这就像在试图说服自己：我们可以分别对待对于一件乐器或一种音频信号的先验知识与实际从它那里听到的声音，事实上并不能真正地将两者分开。如果已经清楚自己在听什么，那么就不得不假设这个预期感知会影响对听到的东西的判断。同样的，当提高 EQ 的频率，并且真正相信自己听到了声音上的变化，但是当意识到 EQ 并没有在使用，实际上并没有任何变化发生时，这就是预期偏见现象。

社会偏见一般会在一群听音人的听音过程中表现出来。当有人建议我们听某些音质的音频时，我们认为自己听到的声音会由群体感知所决定（从众心理）。当其他人也确认他们听到了建议中的音频品质时，我们也会开始听到同样的音频品质，或者至少相信自己听到了。

明星和其他知名人士也可以塑造我们的感知。多年来，各种产品的广告人都在利用这种现象（即明星效应），即所谓的"启发式认知偏差"。启发式认知偏差会让我们根据名人的个人体验和提供的信息（如名人对产品的认可）快速对产品做出判断。与启发式思维相比，系统性思维则需要更多的努力和背景研究调查才能进行相应的判断。如果一位著名的音乐家或录音工程师认可了某一特定设备或录音技术，我们可能会倾向于相信他们认可的东西，而不是通过听音测试及对有关产品技术数据的了解对某个产品的质量进行自己的独立判断。

正如图尔和奥利弗的研究结果，克服人类固有偏见的一种方法是确保听音测试是在盲听的前提下进行的。如果你想开始盲听测试，可以使用 ABX 双盲音频测试仪（Clark，1982）。ABX 双盲音频测试提供了一种比较两个听觉刺激的方法（例如，不同比特率的音频和不同采样率编码的音频，或两个不同模数转换器的输出信号）。有一些 ABX 双盲音频测试软件工具可以进行在线音频测试，比如 Lacinato ABX 和 ABX Tester。在 ABX 双盲音频测试中，两个已知的音频刺激会被贴上标签 A 和标签 B。ABX 双盲音频测试软件工具会随机分配参考基准 X，使其与标签 A 或标签 B 的内容相同，但不让听音人知道具体与哪一个标签相同。听音人可以听到这 3 种声音刺激，其中有两个是相同的（标签 A 和参考基准 X 或标签 B 和参考基准 X）。听音人需要将参考基准 X 与标签 A、标签 B 进行正确的匹配。

在对两个音频信号进行比较时，最好一次只更改一个参量，这样可以避免混淆多个变量。例如，在比较两个传声器信号时，应该使用相同的音乐表演音频素材（或录音片段），并将这些传声器尽可能地相互靠近。只用一个传声器录制不同的音乐作品，录制的声音会出现很大的不同。

我们来做一个实验：选一个录音并将其导入数字音频工作站。在新的音轨上创建这个录音的第二个版本，并将后者的电平降低 1dB 或 2dB。现在有了相同录音的两个声音版本，它们之间唯一的区别是电平上的区别。即使你知道这两个版本之间的区别（即这对你来说不是盲测），你也可以比较一下，想一想会听到什么样的差异？只听到了电平上的差异，还是听到了音色、混响、动态范围上的差异？然后请一些朋友来听听这两个版本，让他们背对背地进行比较（没有任何视觉线索的辅助，比如波形或仪表提示），但个要告诉他们这两种声音的区别是什么。问问他们更喜欢哪一个声音版本及听到了什么不同点。这对他们来说是一种盲测，测试结果可能会让所有人感到惊讶，特别是在揭示了两者之间真正区别的时候。电平匹配对于听音来说是至关重要的，这种练习突出了仅仅由于微小的电平上的区别所带来的巨大差异。

当比较两种设备的声音或音频信号时，想一想各种类型的偏见会如何影响你的判断，试着通过盲听测试来消除偏见。由于存在关于音频设备性能中错误或误导性的信息（特别是在一些音频出版物、在线论坛和音频设备售后评论中），再加上人类天生的偏见倾向，我们很难将音频谬论与现实区分开来。当意识到偏见在听音中扮演着重要的角色时，可以试着去反驳一下，关注真实听到的东西而不是关注我们臆想的结论。

7.8　练习：音箱监听与耳机监听间的比较

每种特定型号的音箱或耳机都有各自的声音特征。频率响应、功率响应、失真特性和其他技术指标都会作用于听音过程，进而影响我们在录音和缩混阶段的决定。

进行这一练习时，要做到如下几点。

- 选择两对不同的音箱，两副不同的耳机，或者一对音箱和一副耳机。
- 选择几首熟悉的音乐录音作品。
- 收集所用音箱和耳机的品牌和型号信息，以及听音环境的相关文件。

- 比较两种不同重放设备的音质。
- 用如下这些评论声场属性的术语来描述听到的差异：
    - 音色质量和音色平衡——描述频率响应和频谱平衡上的差异。
- 某一型号的重放设备在特定频段上有缺陷吗？
- 某一型号的重放设备在某一频率或某一频段上存在特定的共振吗？
    - 空间特性——混响的听感如何？
- 一种型号的重放设备重放声的混响比另一型号的强吗？
- 不同的两种重放设备重放声场的立体声声像空间分布相同吗？
- 声源位置的清晰度在两者中是否相同？也就是说，在立体声声像中针对声源进行定位，在两种重放设备中都能把声源定位在同一位置吗？
- 如果进行的是耳机与音箱的比较，可以描述声像位于中间的那些成分的差异吗？
- 这两种重放设备产生的中间声像在前 / 后位置及宽度方面的比较结果如何？
    - 声像的总体清晰度。
- 哪个声像更加明确？
- 听到的某一声像的细节比其他声像更容易听到还是更不容易听到？
    - 偏爱度——总体来说你更喜欢哪一个设备的声像分布？
    - 总体差异——描述此处并未列出的任何其他差异。
- 声音文件——最好只使用并非从 MP3 或 AAC 转换过来的线性 PCM 文件（AIFF 或 WAV 格式）。

每种声音重放设备和重放环境都会直接影响声音质量和特征，了解自己使用的重放系统（音箱 / 房间的组合），以及手头上有自己非常熟悉的一些基准参考录音作品是十分重要的。基准参考录音不必是完美无瑕的录音作品，尽管这很有帮助，但熟悉这些录音更为重要。另外要知道，听音的音量会影响我们对音质和音色的感知判断。即便是很小的电平差异也能让声音听起来不一样。

7.9　练习：媒体播放器上的声音强调装置

许多在计算机上播放音频的软件媒体播放器提供声音强调装置，例如 iTunes 中的 Sound Enhancer，Windows 媒体播放器中的 SRS Wow Effects 或 Windows

的系统音频插件（例如 DFX 音频增强器）。在 iTunes 中，Sound Enhancer 默认是打开的。可以在 iTunes 的 Playback Preferences 选项中打开或关闭它，在 Windows 媒体播放器中的任何位置单击右键并选择 Enhancements。这种类型的处理为听评能力训练提供了另一种机会，即可以揭示声音强调装置开启和关闭前后的音质比较结果，并尝试通过听觉去判断算法对声音的影响。所采用的处理虽然可以改善某一些录音的音质，但同时也会导致其他录音的音质下降。

要考查声音强调装置对立体声声像的影响，以及总体的声像宽度是否受到了影响，或者声像处理和声源定位是否发生了任何形式的改变，需要考虑如下几点。

- 混响电平受影响吗？
- 音色可能会发生某种形式的改变。尝试尽可能准确地判断音色是如何变化的。判断是否加入了任何均衡，以及哪些特定的频率被改变了。
- 发生了任何动态范围处理上的变化了吗？有由压缩处理所带来的失真吗？或者经过声音强调调整后的声音更响吗？

尽管媒体播放器上的声音强调装置的设定可能或者不可能使声音产生想要的变化，但可以肯定的是它提供了一种确定音频特征差异的听评练习方法。

7.10　对声学声源的分析

现场纯声学类音乐会对开发听评能力起到一定程度的指导和启蒙性作用。大多数人平时是通过某种电声换能器（音箱或耳机）来听音乐的。人们可能会忘记乐器在真实环境中声学上的声音，因为声音会发散到房间或大厅的各个方向。有一些民用音频系统的生产厂家投入了科研资源进行这方面的研究，也鼓励其科研开发人员去参加纯声学类音乐会。这类实践活动为其调谐音箱设立一个基准参考点无疑是十分重要的。参加现场音乐会期间，针对音质、音色、空间感和动态范围等的听音感受，可以通过有关于音箱的技术性听觉训练达到精细调整的作用。

虽然通过参加纯声学类音乐演出进行技术性听觉训练有些违背常理，但是乐器本身的声音辐射方式与音箱的辐射方式不同，因此通过积极参加纯声学类音乐会从而对听觉系统重新进行调校是十分重要的。当参加爵士音乐、古典音乐、现代声学音乐，或者乡村音乐的音乐会时，我们能听到每种乐器在房间内的自然声辐射模式的结果。声音从每件乐器辐射到房间、剧场或大厅当中，并与其他的乐器声或人声进行混合。在现场空间中听纯声学类音乐会，这种空间音频体验与通过音箱听音乐的体验感是大不相同的。

当再次坐在观众席听现场音乐会时，关注一下在录音中平衡各个声轨时所要考虑的那些声音特性。换言之，需要考虑一下最终的缩混效果。如果有可以重新平衡声音的推子，你是否会做出一些改变呢？正如可以分析通过音箱重放录音作品中有关空间布局（声像处理）和深度问题一样，也可以在声学场地中检查这些方面。首先尝试对正在表演的乐队成员或乐器组进行定位。闭上眼睛聆听，这样可以更容易地将注意力集中到听感上而排除视觉带来的信息干扰。尝试将乐器定位于舞台之上，并考虑"立体声声像"中的总体声音效果——好像声音是由两只音箱发出的，听到的幻象声像位于两只音箱之间。由于现场所处的座位不同，对声源的定位也可能会不一致，并可能受到来自演出空间侧墙的早期反射声的影响。如果可以直接将由一对音箱重放出的音乐与现场声学空间中演奏的音乐进行比较，两种声像在音色、空间感和动态范围等方面将有着显著差异。在一场演出中，要从观众席快速移动到录音控制室的座位上去听音箱里播放出来的同一段音乐，是很难实现的。然而，值得思考的是音箱重放声音时的聆听体验，还要记住这种聆听体验与音乐会上现场的聆听体验有什么差异。如下问题可以引导这种比较。

- 现场音乐声总体听上去比立体声音箱重放的宽一些还是窄一些？
- 在现场音乐会中听到的直混比（direct to reverberant ratio）与录音作品中的直混比一致吗？
- 现场音乐会的音色与通过音箱听到的音色相比如何？如果两者有所不同，则描述一下它们的不同之处。
- 所听到最安静的音乐段落是怎样的？
- 动态范围的比较结果如何？
- 空间感和环境感的比较结果如何？

相对于拾音传声器的摆放位置，现场听众总是坐在离音乐表演者较远的地方，即现场听众通常位于混响半径或临界距离之外的区域。也就是说我们所听到的声音的大部分能量来自非直达声（反射声和混响声），这时所听到的声音比录音作品中的混响要大很多。虽然这一混响电平在录音中是不可能被接受的，但是现场的听众还是喜欢的。或许是因为现场情况下的音乐表演是可以看见的听觉系统，其容限度比较大，或者视觉提示信息帮助听众沉浸在音乐当中，因为听众可以同步看到演员演唱 / 奏每一音符时的动作。

理想的混响声场（听众座位区）应该稍微有些扩散，这就是说所听到的非直达声应该均等地来自所有方向。在实际的音乐厅或者其他音乐表演空间中，这种情况可能并不存在，因此也许可以定位混响的位置。如果你可以定位一个混响的尾音，那么要关注混响的宽度和空间发散度。混响主要位于后面还是延展到了两侧？它的包络如何？是否有混响能量来自音乐家通常所在的前方舞台位置？

也可以把早期反射声看作声场的一种特征。早期反射声通常指在直达声之后的几十毫秒的时间段内到达听音人耳朵里的声音，因此作为离散的声音通常是不可察觉的。然而，在某些情况下，由于曲面的作用，早期反射声会聚焦在一起。任何弧形墙壁都倾向于汇聚反射声，导致早期反射声的叠加，并致使早期反射声的幅度增大到比直达声的幅度还要高。如果来自一个地方的早期反射声的能量大于直达声，我们就会倾向于认为声音来自早期反射声的方向，而不是来自舞台直达声的方向。例如，在密歇根大学校园里有个 3500 座位容量的希尔礼堂，它有一面巨大的弧形墙，它从舞台后面一直延伸到礼堂的上方。它的形状大致呈抛物面，正如想象的那样，它对于舞台上演奏的音乐会产生一些有趣的声学聚焦效果，尤其是当你坐在离中心位置较远的一个座位上时。这种强大的聚焦效果会让人感觉到声音好像是从安放在墙壁上某个地方的音箱发出来的，尽管当时并没有使用任何扩声系统。这种效果仅仅是由声学空间中抛物线形的墙面将声音反射并聚焦在一起产生的。

来自侧向的早期反射声有助于拓宽人们对声像的感知宽度。虽然这些反射声不可能被感知为分立的回声，但还是要关注其总体的宽度。另外还要关注它与直达声的混合，以及与来自侧向和后方声音的结合。声音的包围感是来自四面八方吗？还是会像聆听多声道录音时那样出现声场的断裂感？

当出现瞬态声音或打击乐器声时，回声、反射声和混响声有时听上去会比较明显。那些具有锐利音头及短促延音和衰减过程的声音，会让人们听到随后快速到来的非直达声，因为此时直达声的声压级已经变小了，不能掩蔽掉非直达声的成分。每次聆听现场音乐表演时，尤其是没有扩声系统的时候，要注意聆听音乐所处空间带来的声音，这时我们要看看能从这个空间中学到什么。

总结

　　无论是对纯粹的声学声音还是对由音箱发出的声音进行分析，都要对声像进行解构，将其属性和特点暴露出来。主动去听录音作品和置身于声学现场的体验越多，就越能够将自己的注意力准确地集中在所要关注的声音属性上。通过长期和持续不断的练习，人们对听觉活动的感知力就会被开发出来，也就会开始注意到之前听不到的声音属性。通过主动地听音而揭示出的声音属性越多，则欣赏声音的层次就会越深入，但是这一切只有通过长期坚持不懈的专门练习才能实现。同样，更为专注和有效率的听音能力会提高我们在录音、制作、作曲、扩声和产品研发方面的效率和有效性。技术性听觉训练对于从事音频工程和音乐制作工作的任何人来说都是至关重要的，乐于在听音方面花费时间的人都会在听评能力方面有所收获。

　　在本书的最后还要给大家提一些建议：尽可能多地听录音作品。多听通过各种耳机和音箱重放出来的声音。在每一次的听音过程中，将自己的听音感受认真记录下来。找一些最受好评的录音师的录音作品来听，尽可能多地找到同一录音师的录音作品来听。记录下特定工程师、制作人、唱片公司的各种录音间的相似之处和存在差异之处。记录下同一位艺术家与不同工程师或制作人合作发行的录音作品间的相似之处和存在差异之处。

　　推进所有音频项目中最困难的活动是坚持不懈地主动听音。知道如何决定使用何种设备、在何处摆放传声器、如何设置各种参数的唯一方法，就是认真审听自己所用的监听音箱和耳机所放出的声音。通过坚持不懈地主动听音，可以获得为所有音频项目的音乐制品提供最佳服务的基本信息。在录音和制作领域，人类的听觉系统是对音乐作品的音质和艺术意图表达的最终评判工具。